吕梁山区
大型真菌图鉴
（第一卷）
220种常见野生蘑菇

王术荣　著

中国农业科学技术出版社

图书在版编目（CIP）数据

吕梁山区大型真菌图鉴：220种常见野生蘑菇. 第一
卷 / 王术荣著 . -- 北京：中国农业科学技术出版社，2022.12
　ISBN 978 - 7 - 5116 - 6146 - 3

　Ⅰ . ①吕…　Ⅱ . ①王…　Ⅲ . ①山区—大型真菌—吕梁—图集
Ⅳ . ① Q949.320.8-64

中国版本图书馆 CIP 数据核字（2022）第 247073 号

责任编辑　白姗姗
责任校对　李向荣
责任印制　姜义伟　王思文

出 版 者　中国农业科学技术出版社
　　　　　北京市中关村南大街 12 号　邮编：100081
电　　话　（010）82106638（编辑室）（010）82109702（发行部）
　　　　　（010）82109709（读者服务部）
网　　址　https://castp.caas.cn
经 销 者　各地新华书店
印 刷 者　北京建宏印刷有限公司
开　　本　185 mm×260 mm　　1/16
印　　张　16.5
字　　数　330 千字
版　　次　2022 年 12 月第 1 版　2022 年 12 月第 1 次印刷
定　　价　148.00 元

内容简介

《吕梁山区大型真菌图鉴（第一卷）》是第一部以彩色图鉴的形式系统介绍吕梁山区常见野生蘑菇的著作。本书主要由前言、目录、各种食用、药用大型真菌和毒蘑菇的彩色照片及文字描述信息、参考文献、中文名称索引和拉丁学名索引等内容构成。

根据分类学与形态学特点，把书中220种大型真菌划分为五大类群并相应地安排在第一章至第五章中分别介绍。分别为：大型子囊菌类、伞菌类（含牛肝菌类）、多孔菌类、腹菌类和胶质菌类。物种介绍从第一章起各章对每个物种的描述通常包括中文名称和拉丁学名，宏观和微观特征集要、原生态彩色照片、生境、分布及经济用途等方面进行了简要介绍。书中物种的拉丁学名根据Speciesfungorum进行了修正，并规范了中文名称的使用。

本书兼具科学性和研究性，可供食用菌、药用菌研究的科技工作者，从事相关农林管理部门的人员，生命科学、园艺学、林学、生态学相关专业学生和蘑菇爱好者参考。

前　言

　　2022 年 3 月，习近平总书记看望参加全国政协十三届五次会议的农业界、社会福利和社会保障界委员时强调，"种源安全关系到国家安全，必须下决心把我国种业搞上去，实现种业科技自立自强、种源自主可控"。种子是农业"芯片"，是粮食之基。端牢中国人自己的饭碗，种子是关键，而这其中，最首要关键的环节就是种质资源搜集鉴定和利用体系的完善。深入开展野生食用菌在内的大型真菌种质资源的收集和鉴定，才能加快建成品类齐全、储备丰富的种质资源库，提升大规模资源鉴定和基因挖掘能力，形成一批有国际竞争力的食用和药用大型真菌种质和基因资源。

　　吕梁山区以吕梁山为主体，北起内长城，南至交口县，东界晋中盆地，西界晋西黄土丘陵。吕梁山是我国黄土高原上的一条重要山脉，它是黄河中游黄河干流与支流汾河的分水岭，位于山西西部，呈东北—西南走向，整个地形成穹隆状，中间一线突起，两侧逐渐降低。崇山峻岭连绵不断，宛如一条脊梁，延绵超过 400 km，纵贯三晋西部，由北而南包括管涔山、芦芽山、云中山、关帝山、紫荆山等，其主峰在关帝山。吕梁山脉北起管涔山，南止龙门山，延伸约 500 km。主峰关帝山海拔 2 831 m，位于方山县东部。山体向北分为两支：一支向正北往五寨、神池一带延伸，为管涔山、芦芽山；另一支向东北，往原干延伸，为云中山。西翼有和缓的小向斜，地形平坦，未经强烈切割，其上黄土堆积甚厚，水土流失严重，使黄河含沙量剧增。吕梁山脉的高度由北往南渐减，北部高峰海拔多在 2 500 m 以上，南部高峰海拔仅 2 000 m 左右。其南北各段，纬度与高度不同，气候与植被也有显著差别。芦芽山代表北段，主要是寒温带针叶林；关帝山代表中段，主要是温带针阔叶混交林；五鹿山代表南段，主要是暖温带阔叶林。该区植物和菌类资源丰富。

　　针对该区野生大型真菌物种资源家底不清的现状，著者于 2015—2022 年历时 8 年在吕梁山区和太行山区开展大型真菌标本采集、物种鉴定和生态学研究。尽管著者在该区鉴定物种超 300 个，但为了本书的可读性，著者选取了该区常见的 220

种野生大型真菌，每个物种以宏观、微观特征集要和原生境照片为素材。同时，为了方便对特定种类或类群进行查阅，读者可根据本人的已知信息及查找习惯选择拉丁学名索引、中文名称索引或者所属类群而加以使用。希望本书能为我国大型真菌资源的研究和开发利用提供基础资料。

感谢山西农业大学李步高副校长、食品科学与工程学院张立新院长对相关研究工作的肯定和支持。感谢山西农业大学食用菌科技创新团队的老师和研究生协助整理材料。感谢研究生刘洋、何轶榕、王腾云、刘晋涛、张前达等协助采集、整理标本。同时，感谢山西省各市（县、区）农业农村局、保护区管理局和一些向导们对标本采样工作的协助。

本书顺利出版得到了山西省农业农村厅种业管理处、科技教育处，山西省科学技术厅现代农业科技处和山西省教育厅的支持。

著　者
2022 年 11 月

目录

第三章　多孔菌类

第四章　腹菌类

第五章 胶质菌类

第一章

大型子囊菌类

子囊菌门 Ascomycota

锤舌菌纲 Leotiomycetes
盘 菌 纲 Pezizomycetes
粪壳菌纲 Sordariomycetes

柔膜菌目 Helotiales　绿杯盘菌科 Chlorociboriaceae

小孢绿杯盘菌
Chlorociboria aeruginascens (Nyl.) Kanouse

宏观特征：子囊盘宽 0.3～0.7 cm，盘形至贝壳形。子实层表面深蓝绿色。囊盘被深绿色或稍淡，边缘稍内卷或波状，光滑。菌柄长 0.1～0.3 cm，粗 0.1～0.2 cm，常偏生至近中生。

微观特征：子囊孢子（6.0～8.0）μm×（1.0～2.0）μm，椭圆形至梭形，稍弯曲，光滑，无色。

生境：夏、秋季群生于针叶树或阔叶树腐木上。

分布：亚洲、欧洲、南美洲、北美洲和大洋洲。

食药用价值：尚不明确。

锤舌菌目 Leotiales　锤舌菌科 Leotiaceae

润滑锤舌菌
Leotia lubrica (Scop.) Pers

宏观特征：菌盖宽 1～4 cm，形状多变，但常凸起，表面光滑或稍有皱纹，浅黄色、黄色，随着成熟经常变成深绿色或近乎黑色。菌肉新鲜时呈胶状。菌柄长 2～7 cm，粗 0.5～1 cm，中空或者充满胶状物质。

微观特征：子囊孢子（16～25）μm×（4.0～6.0）μm，狭椭圆形至亚梭形，常弯曲，光滑，淡黄色，成熟时具隔膜，3～7 个隔膜。

生境：夏、秋季群生于针叶林地上。

分布：亚洲、欧洲、南美洲、北美洲和大洋洲。

食药用价值：有报道有毒，精神损害型。

斑痣盘菌目 Rhytismatales　地锤菌科 Cudoniaceae

地匙菌
Spathularia flavida Pers.

宏观特征：子实体高 3～5 cm，匙形至近扇形。可育部分高 2～3 cm，宽 1.5～2 cm，扁平，淡黄色至黄色。菌柄长 1～3 cm，粗 0.2～0.4 cm，近圆柱形或向下变细，污白色至米色。

微观特征：子囊孢子（35～75）μm×（1.0～3.0）μm，针形，无色至淡黄色，外表被胶样物质。

生境：夏、秋季群生于针叶林地上。

分布：亚洲、欧洲和北美洲。

食药用价值：有记载可食用。

盘菌目 Pezizales　羊肚菌科 Morchellaceae
杨氏羊肚菌
Morchella yangii X.H. Du

宏观特征：子实体高 4 ～ 8 cm。菌盖不规则圆形或长圆形，高 2 ～ 4.5 cm，宽 2 ～ 4 cm，表面形成许多凹坑，似羊肚状，淡黄褐色。菌柄长 1.5 ～ 4.5 cm，粗 1 ～ 1.5 cm，圆柱形，基部稍膨大，表面具有白色至淡黄色的小颗粒，中空。

微观特征：子囊孢子（15 ～ 20）μm×（9.0 ～ 12）μm，椭圆形，无色，电镜下可见不规则的纵向和横向相互连接的脊。

生境：春末、夏初散生或群生于杨树林下。

分布：亚洲（中国）。

食药用价值：重要经济食用菌。

盘菌目 Pezizales 侧盘菌科 Otideaceae

革侧盘菌
Otidea alutacea (Pers.) Massee

宏观特征：子囊盘宽 2～9 cm，杯形，棕色，边缘为不规则波浪形，子实层面光滑，深棕色，囊盘被略带颗粒，淡至浅棕色。菌肉较薄，胶质，棕褐色。气味和味道温和。

微观特征：子囊孢子（14～15.5）μm×（6.0～9.0）μm，椭圆形，光滑，近无色。

生境：春至秋季单生或散生于阔叶林或针阔混交林地上。

分布：世界广泛分布。

食药用价值：尚不明确。

盘菌目 Pezizales　盘菌科 Pezizaceae

甜盘菌
Paragalactinia succosa (Berk.) Van Vooren

宏观特征： 子囊盘宽 1.5 ～ 8 cm，不规则，杯形至盘形或平展。子实层表面光滑，近中心有褶皱，污白色、淡褐色至亮褐色。囊盘被颜色稍浅，棕色，近边缘处带黄色。菌肉不易碎，受伤后流出的液体会很快变为黄色。

微观特征： 子囊孢子（17 ～ 22）μm×（9.5 ～ 11.5）μm，椭圆形，表面粗糙有疣至棱纹，近无色，内含 2 个油滴。

生境： 夏、秋季单生或群生于针叶林地或沙地上。

分布： 亚洲、南美洲和北美洲。

食药用价值： 尚不明确。

盘菌目 Pezizales 盘菌科 Pezizaceae

米歇尔盘菌
Paragalactinia michelii (Boud.) Van Vooren

宏观特征： 子囊盘宽 0.5 ～ 3 cm，幼时杯形，后变为碟形。子实层表面秃，淡紫色至紫色，囊盘被秃或有非常细的颗粒，起初近发白，渐变淡黄，后期黄色。菌肉白至淡黄色，挤压时渗出汁液，使表面慢慢变黄至棕黄色。气味和味道不明显。

微观特征： 子囊孢子（13 ～ 17）μm×（7.0 ～ 9.0）μm，椭圆形，有小疣，近无色。

生境： 夏、秋季单生或散生于林地或沙地上。

分布： 亚洲、欧洲、北美洲和大洋洲。

食药用价值： 尚不明确。

盘菌目 Pezizales　盘菌科 Pezizaceae

变异盘菌
Peziza varia (Hedw.) Alb. & Schwein.

宏观特征： 子囊盘宽 4 ～ 6 cm，杯形，无柄。子实层表面光滑，黄褐色至深褐色。囊盘被粗糙具有颗粒状附属物，白色至淡黄褐色。

微观特征： 子囊孢子（11 ～ 16）μm ×（6.0 ～ 10）μm，椭圆形，壁厚，具细小疣，无色。

生境： 夏、秋季单生或丛生于林地或腐木上。

分布： 亚洲、欧洲、南美洲、北美洲和大洋洲。

食药用价值： 尚不明确。

盘菌目 Pezizales 火丝菌科 Pyronemataceae

半球土盘菌
Humaria hemisphaerica (F.H. Wigg.) Fuckel

宏观特征：子囊盘宽0.8～2 cm，深杯形至碗形，无柄，边缘具毛。子实层表面白色至灰白色。囊盘被淡褐色，被绒毛或粗毛，毛长90～700 μm，褐色至淡褐色，具分隔。

微观特征：子囊孢子（18～25）μm×（10～14）μm，椭圆形，内含2个油滴，表面有疣状纹，近无色。

生境：夏、秋季散生或群生于针阔混交林地上。

分布：亚洲、欧洲和北美洲。

食药用价值：尚不明确。

盘菌目 Pezizales　火丝菌科 Pyronemataceae

弯毛盘菌
***Melastiza cornubiensis* (Berk. & Broome) J. Moravec**

宏观特征：子囊盘宽 0.5～1 cm，盘形，无柄。子实层表面红色、血红色至橘红色。囊盘被表面红色至橘红色，被短毛，毛长 80～170 μm，具分隔。囊盘被为角胞组织，盘下层为交错丝组织。

微观特征：子囊孢子（15～18）μm×（7.0～10）μm，椭圆形，表面有明显网状纹，无色。

生境：夏、秋季群生于林缘地上。

分布：亚洲和欧洲。

食药用价值：尚不明确。

盘菌目 Pezizales　肉杯菌科 Sarcoscyphaceae

白色肉杯菌
Sarcoscypha vassiljevae Raitv.

宏观特征：子囊盘宽 1.5 ～ 6 cm，杯形至盘形，柄大部分偏心附着。子实层表面污白色，奶油色，白米色到浅米色。囊盘被颜色比子实层色淡。

微观特征：子囊孢子（17 ～ 25）μm×（9.0 ～ 12）μm，椭圆形至长椭圆形，光滑，无色。

生境：夏季单生或群生于阔叶林腐木或腐殖质上。

分布：亚洲、欧洲、北美洲和大洋洲。

食药用价值：可食用。

炭角菌目 Xylariales　炭角菌科 Hypoxylaceae

鹅耳枥轮层炭壳
Daldinia carpinicola Lar.N. Vassiljeva & M. Stadler

宏观特征： 子实体宽 0.7 ～ 3 cm，高 1 ～ 2.5 cm，近球形，有时具有轮廓不清的假茎，表面坚硬，起初光滑，变成粉刺，粉棕色、红棕色、深棕色或最终接近黑色，内部有黑色和白色或灰色的碳状肉的同心圆区。

微观特征： 子囊孢子（12 ～ 18）μm×（6.0 ～ 8.0）μm，椭圆形至近纺锤形，光滑，近黑色。

生境： 秋季单生或群生于阔叶树或针叶树腐木上。

分布： 亚洲、欧洲、南美洲、北美洲和大洋洲。

食药用价值： 尚不明确。

第二章

2

伞菌类

担子菌门 Basidiomycota

蘑菇纲 Agaricomycetes

蘑菇目 Agaricales　蘑菇科 Agaricaceae

球基蘑菇
Agaricus abruptibulbus Peck

宏观特征：菌盖宽 4 ～ 12 cm，初期近卵形，扁半球形，后期近扁平，中部有宽的突起，盖面白色至浅黄白色，平滑或似有丝光，触摸处呈污黄色，边缘附有菌幕残片。菌肉白色或带微黄色，厚。菌褶离生，密，初期污白至粉灰红色，最后紫黑褐色。菌柄长 5 ～ 18 cm，粗 1 ～ 2.5 cm，近圆柱形，稍弯曲，白色，触摸处呈污黄，中空，基部明显膨大，近球形。菌环白色，膜质，其下面呈放射状排列的棉絮状物，上位。

微观特征：孢子（5.5 ～ 8.0）μm×（3.5 ～ 5.0）μm，椭圆形至宽椭圆形，黄褐色。

生境：夏、秋季散生或群生于混交林地或林缘草地上。

分布：亚洲、欧洲和北美洲。

食药用价值：可食，稍具茴香味。

蘑菇目 Agaricales　蘑菇科 Agaricaceae

大紫蘑菇
Agaricus augustus Fr.

宏观特征： 菌盖宽 5～10 cm，初期半球形，渐呈扁半球形，后平展，盖面紫褐色，不黏，密被毛状鳞片，边缘波状，有裂齿。菌肉淡色，厚，柔软。菌褶离生，稠密，淡紫色。菌柄长 8～11 cm，粗 2～2.5 cm，圆柱形，基部稍膨大，有须状假根，菌环以下土黄色。菌环双层，上位，上表面近白色，下表面黄褐色，柔软，轮状，边缘瓣裂。

微观特征： 孢子（7.5～10）μm×（5.0～6.0）μm，椭圆形至近圆形，黄褐色。

生境： 秋季群生或丛生于针阔混交林地上。

分布： 亚洲、欧洲、北美洲和大洋洲。

食药用价值： 食用菌。

蘑菇目 Agaricales 蘑菇科 Agaricaceae

北京蘑菇
Agaricus beijingensis R.L. Zhao, Z.L. Ling & J.L. Zhou

宏观特征：菌盖宽 4～11 cm，扁半球形或半球形，深灰褐色至棕色，成熟时中心稍凹陷，表面干燥，有纤维状鳞片，边缘完整或撕裂。菌褶离生，密，粉红色或棕色。菌柄长 4～8 cm，粗 0.7～1.2 cm，圆柱形，基部稍膨大。菌环白色，上位。

微观特征：孢子（6.0～8.5）μm×（4.0～4.5）μm，椭圆形，深棕色。

生境：夏、秋季单生或散生于阔叶林或灌木林下。

分布：亚洲。

食药用价值：尚不明确。

蘑菇目 Agaricales　蘑菇科 Agaricaceae

大肥蘑菇
***Agaricus bitorquis* (Quél.) Sacc**

宏观特征：菌盖宽 5 ～ 15 cm，初半球形，后扁半球形，顶部平或下凹，白色，后变为暗黄色，淡粉灰色到深蛋壳色，中部色较深，边缘内卷，表皮超越菌褶，无鳞片。菌肉白色，厚，紧密，伤处略变淡红色，变色较慢。菌褶离生，稠密，初期白色，后变粉红色到黑褐色，最后呈暗紫褐色到黑褐色。菌柄长 4 ～ 9 cm，粗1.5 ～ 3.5 cm，白色，内实，近圆柱形。菌环双层，白色，中位，膜质。

微观特征：孢子（6.0 ～ 7.5）μm×（5.5 ～ 6.0）μm，宽椭圆形至近球形，褐色。

生境：夏、秋季单生或散生于路边地上。

分布：亚洲、欧洲、南美洲、北美洲和大洋洲。

食药用价值：食用菌，菌肉厚，味鲜美。

蘑菇目 Agaricales 蘑菇科 Agaricaceae

萎缩蘑菇
Agaricus depauperatus (F.H. Møller) Pilát

宏观特征：菌盖宽 5 ～ 13 cm，初半球形，后扁半球形，中央凸，黄白色至灰棕色。菌肉灰白色。菌褶离生，密，灰色至灰棕色。菌柄长 8 ～ 20 cm，粗 0.5 ～ 1.2 cm，近圆柱形，白色至红棕色。菌环白色，上位，易碎。

微观特征：孢子（5.5 ～ 7.5）μm×（3.5 ～ 4.5）μm，近椭圆形至卵圆形，黄褐色。

生境：夏、秋季单生于针叶林地或草地上。

分布：亚洲和非洲。

食药用价值：可食用，味道温和。

蘑菇目 Agaricales　蘑菇科 Agaricaceae

小白蘑菇
***Agaricus pallens* (J.E. Lange) L. A. Parra**

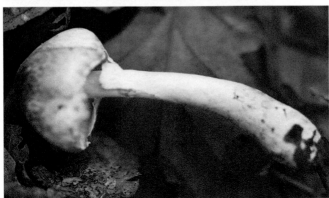

宏观特征： 菌盖宽 2 ～ 4.5 cm，最初凸起或呈锥形，后中部稍微平坦，白色至乳白色，表面具有红棕色辐射状纤毛。菌肉薄，白色。菌褶离生，密，粉色至浅棕色，边缘完整或略有锯齿状。菌柄长 5 ～ 10 cm，粗 0.4 ～ 0.8 cm，中生，近圆柱形，基部近球状，白色，表面光滑或具有纵向纤毛，后期基部明显变黄。菌环白色，上位，易碎。

微观特征： 孢子（4.5 ～ 5.5）μm×（3.0 ～ 3.5）μm，椭圆形至卵圆形，棕色。

生境： 夏、秋季群生于阔叶林落叶层中。

分布： 亚洲、欧洲和北美洲。

食药用价值： 尚不明确。

蘑菇目 Agaricales　蘑菇科 Agaricaceae

拟草地蘑菇
***Agaricus pseudopratensis* (Bohus) Wasser**

宏观特征： 菌盖宽 4～6 cm，最初半球形，随后伞形至扁平，白色，棕色至灰褐色，中心颜色较深，表面开裂，伴有灰棕色的鳞片，菌盖中心的鳞片更大更厚。菌褶离生，密，褐色。菌柄长 3.5～6 cm，粗 0.7～1.5 cm，圆柱形，根部具根茎状的白色菌丝。菌环淡褐色，上位。

微观特征： 孢子（4.5～5.5）μm×（3.5～4.5）μm，卵形至椭圆形，棕色。

生境： 夏、秋季单生或群生于阔叶林地或草地上。

分布： 亚洲、欧洲、非洲、南美洲和北美洲。

食药用价值： 尚不明确。

蘑菇目 Agaricales　蘑菇科 Agaricaceae

中国双环蘑菇
Agaricus sinoplacomyces P. Callac & R. L. Zhao

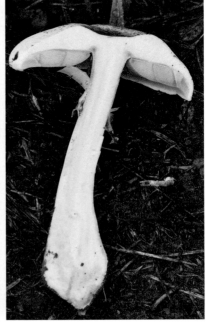

宏观特征：菌盖宽 4～10 cm，初期锥形，后中凸或平展，有时中央下凹，表面具有放射状鳞片，中央深褐色，边缘色淡。菌肉白色。菌褶密，离生，褐色。菌柄长 5～10 cm，粗 0.5～2 cm，圆柱形，白色，基部膨大。菌环上位，膜质，上表面白色，下表面淡黄白色。

微观特征：孢子（5.5～7.0）μm×（3.5～4.0）μm，椭圆形，光滑，深褐色。

生境：夏、秋季单生或散生于阔叶林地上。

分布：世界广泛分布。

食药用价值：尚不明确。

蘑菇目 Agaricales 蘑菇科 Agaricaceae

黄斑蘑菇
Agaricus xanthodermus Genev.

宏观特征： 菌盖宽 6 ～ 13 cm，扁半球形，后平展，白色、黄褐色至浅棕色，边缘幼时内卷。菌肉白色。菌褶离生，较密，初期白色，然后呈粉红色，渐变至黑色。菌柄长 5 ～ 12 cm，粗 1.5 ～ 2.5 cm，圆柱形，白色，老后黄褐色或褐色，基部稍膨大，基部受伤变黄色最明显。菌环带黄色或浅褐色，膜质，上位，较大和厚。

微观特征： 孢子（5.0 ～ 8.0）μm ×（3.5 ～ 5.0）μm，椭圆形，光滑，紫褐色。

生境： 夏、秋季单生或群生于林地或草地上。

分布： 亚洲、欧洲、南美洲、北美洲和大洋洲。

食药用价值： 此种有毒，含胃肠道刺激物，食后引起头痛及腹泻等病症。

蘑菇目 Agaricales　蘑菇科 Agaricaceae

毛头鬼伞
Coprinus comatus (O.F. Müll.) Pers.

宏观特征： 菌盖高 6～11 cm，宽 3～6 cm，幼圆筒形，后呈钟形，最后平展，初白色，有绢丝样光泽，顶部淡土黄色，光滑，后渐变深色，表皮开裂成平伏而反卷的鳞片，边缘有细条纹，有时呈粉红色。菌肉白色，中央厚，四周薄。菌褶初白色，后变为粉灰色至黑色，后期与菌盖边缘一同自溶为墨汁状。菌柄长 7～20 cm，粗 1～2 cm，圆柱形，光滑，白色，空心，近基部渐膨大并向下渐细，纺锤形并深入土中，菌环白色，膜质，后期可以上下移动，易脱落。

微观特征： 孢子（15～19）μm×（7.5～11）μm，椭圆形，光滑，黑色。

生境： 夏、秋季单生或群生于草地、林中空地、路旁或田野上。

分布： 亚洲、欧洲、南美洲、北美洲和大洋洲。

食药用价值： 重要食用菌，商品名鸡腿菇，但与酒同食容易中毒。

蘑菇目 Agaricales 蘑菇科 Agaricaceae

锐鳞环柄菇
Echinoderma asperum (Pers.) Bon

宏观特征：菌盖宽 1 ～ 4 cm，平展，表面有同心环状褐色鳞片，边缘白色，中心为褐色。菌肉白色。菌褶离生，等长，白色，密。菌柄长 3 ～ 5 cm，粗 0.2 ～ 0.5 cm，圆柱形，上下等粗。菌环近丝膜状，上位，易脱落。

微观特征：孢子（6.0 ～ 8.5）μm×（3.5 ～ 4.0）μm，长椭圆形，光滑，无色。

生境：夏、秋季散生或群生于针叶林或阔叶林地上。

分布：亚洲、欧洲和北美洲。

食药用价值：胃肠炎型毒蘑菇。

蘑菇目 Agaricales　蘑菇科 Agaricaceae

黄锐鳞环柄菇
***Echinoderma flavidoasperum* Y.J. Hou & Z.W. Ge**

宏观特征： 菌盖宽 7 ～ 9 cm，起初几乎是半球形，后变得平凸，表面粗糙，污白色至浅黄色，干燥，幼时颗粒状鳞片，鳞片直立，菌毛尖锐，疣状，浅黄色至黄色。菌肉白色。菌褶离生，密，白色至奶油色。菌柄长 7 ～ 15 cm，粗 1 ～ 2 cm，近圆柱形，基部稍膨胀，环上部为白色，下部为乳黄色，中空，伤处变为浅红色。菌环环状，乳黄色，膜质，位于顶端到中部，密被颗粒状或尖头鳞片，环和鳞片很容易脱落。没有明显的气味。

微观特征： 孢子（6.5 ～ 7.5）μm×（3.0 ～ 3.5）μm，近圆柱形，光滑，无色。

生境： 夏、秋季单生或群生于以云杉或栎为主的林地上。

分布： 世界广泛分布。

食药用价值： 尚不明确。

蘑菇目 Agaricales 蘑菇科 Agaricaceae

肉褐环柄菇
Lepiota brunneoincarnata Chodat & C. Martín

宏观特征：菌盖宽2.5～6 cm，初近锥形或钟形，后平展，中突，粉肉色至粉褐色，具粉褐色、粉红褐色或暗紫褐色鳞片，中央褐色，边缘没有鳞片的部位常呈白色或污白色。菌肉薄，白色。菌褶离生，密，白色至乳白色。菌柄长3～6 cm，粗0.3～0.7 cm，近圆柱形，与菌盖同色，空心，菌环以下常有鳞片，菌环以上颜色较浅，顶部近白色。菌环上位，往往只留有膜质的痕迹。

微观特征：孢子（6.5～9.0）μm×（4.0～5.0）μm，卵圆形至长椭圆形，光滑，无色。

生境：夏、秋季单生或群生于阔叶林地上或路边、房屋周围的草地上。

分布：亚洲、欧洲和非洲。

食药用价值：极毒，肝肾损害型、呼吸循环衰竭型、胃肠炎型毒蘑菇。

蘑菇目 Agaricales　蘑菇科 Agaricaceae

盾形环柄菇
***Lepiota clypeolaria* (Bull.) P. Kumm.**

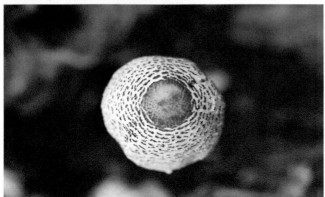

宏观特征： 菌盖宽 3～10 cm，伞形，乳白色至黄白色，中部色深。边缘外卷，表面有微小鳞片。菌肉薄，白色。菌褶离生，白色至肉粉色，较密。菌柄长 6～8 cm，粗 0.8～1.8 cm，白色，圆柱形，基部稍膨大。菌环上位，白色，可移动。

微观特征： 孢子（14～17）μm×（4.5～5.0）μm，梭形，光滑，无色。

生境： 夏、秋季单生或群生于针叶林或针阔混交林腐殖质上。

分布： 亚洲、欧洲和北美洲。

食药用价值： 尚不明确。有的记载可食，但有人认为有毒。

蘑菇目 Agaricales　蘑菇科 Agaricaceae

冠状环柄菇
Lepiota cristata (Bolton) P. Kumm.

宏观特征：菌盖宽 1～6 cm，伞形或平展，白色至污白色，被红褐色至褐色鳞片，中央具钝的红褐色光滑突起。菌肉薄，白色，具令人作呕的气味。菌褶离生，白色。菌柄长 1.5～8 cm，粗 0.3～1 cm，白色，后变为红褐色。菌环白色，上位，易消失。

微观特征：孢子（5.5～8.0）μm×（2.5～4.0）μm，椭圆形至长椭圆形，光滑，无色。

生境：夏、秋季单生或群生于阔叶林、路边、草坪等地上。

分布：世界广泛分布。

食药用价值：有毒。

蘑菇目 Agaricales　蘑菇科 Agaricaceae

大根白环蘑
Leucoagaricus barssii (Zeller) Vellinga

宏观特征：菌盖宽9～13 cm，中凸，整体发白，中心的鳞片为淡灰色或棕色，其他部位鳞片灰色。菌肉白色，伤后不变色。菌肉厚，白色。菌褶离生，白色。菌柄长7～11 cm，粗1.5～2 cm，圆柱形，具锥形基部，下部稍纤维质，基部菌丝体白色。菌环白色，上位。

微观特征：孢子（6.0～9.0）μm×（4.0～5.0）μm，椭圆形，光滑，无色。

生境：夏、秋季单生或散生于针叶林地或沙地上。

分布：亚洲、欧洲和北美洲。

食药用价值：尚不明确。

蘑菇目 Agaricales 蘑菇科 Agaricaceae

鳞白环蘑
Leucoagaricus leucothites (Vittad.) Wasser

宏观特征：菌盖宽 3.5～15 cm，初期为圆形，后期平展，白色，边缘内卷。菌肉厚，白色。菌褶离生，不等长，白色至粉红色，密。菌柄长 4～10 cm，粗 0.5～1.5 cm，圆柱形，中空，基部稍膨大。菌环白色，生菌柄中部。

微观特征：孢子（7.0～10）μm×（5.0～7.0）μm，椭圆形，光滑，无色。

生境：夏、秋季单生或群生于针叶林或针阔混交林地上。

分布：亚洲、欧洲、北美洲和大洋洲。

食药用价值：胃肠炎型毒蘑菇。

蘑菇目 Agaricales　鹅膏科 Amanitaceae

褐烟色鹅膏
Amanita brunneofuliginea Zhu L. Yang

宏观特征：菌盖宽 4～10 cm，幼时扁半球形，成熟后变为扁平，中央微微凸起，颜色为暗褐色至黑褐色，边缘浅灰褐色且有沟条纹，表面平滑或有白色至污白色零星残留菌幕。菌肉白色。菌褶离生，白色，小菌褶截状。菌柄长 6～13 cm，粗 1～2.5 cm，近圆柱形，白色，向上渐细，基部不膨大。菌托袋形，膜质，内部白色，外部常有黄褐色斑点。

微观特征：孢子（10～14）μm×（9.0～12.5）μm，近球形至宽椭圆形，无色。

生境：夏、秋季散生于针阔混交林地上。

分布：亚洲。

食药用价值：尚不明确。

蘑菇目 Agaricales　鹅膏科 Amanitaceae

淡红鹅膏
Amanita pallidorosea P. Zhang & Zhu L. Yang

宏观特征： 菌盖宽 3～8 cm，扁半球形，白色，中央为淡玫瑰红色，边缘有辐射状裂纹。菌肉白色。菌褶直生，较密，白色。菌柄长 6～13 cm，粗 0.4～1.2 cm，上部渐细，白色，内部松软至空心，具有纤毛状鳞片。菌环白色，上位，膜质。菌托浅杯形，膜质，白色。

微观特征： 孢子（6.0～8.5）μm×（6.0～8.0）μm，球形至亚球形，无色。

生境： 夏、秋季散生于针阔混交林或阔叶林地上。

分布： 亚洲。

食药用价值： 剧毒，含有鹅膏毒肽、鬼笔毒肽，中毒类型为胃肠炎型、肝脏损害型。

蘑菇目 Agaricales　鹅膏科 Amanitaceae

近球基鹅膏
***Amanita subglobosa* Zhu L. Yang**

宏观特征：菌盖宽 4～10 cm，凸镜形，浅褐色至琥珀褐色，菌幕残余白色至浅黄色，角锥状至疣状块鳞。菌肉白色。菌褶直生近离生，密，白色。菌柄长 5～15 cm，粗 0.5～2 cm，圆柱形，基部近球形。菌环白色，边缘褐色，上位。菌托浅杯状，膜质，白色。

微观特征：孢子（9～12）μm×（7.0～9.5）μm，椭圆形至宽椭圆形，无色。

生境：夏、秋季单生或群生于混交林地上。

分布：亚洲。

食药用价值：神经精神型毒蘑菇。

蘑菇目 Agaricales 鹅膏科 Amanitaceae

芥黄鹅膏
Amanita subjunquillea S. Imai

宏观特征：菌盖宽 5～7 cm，平凸，黄色至浅棕色，边缘轻微隆起。菌肉较厚，白色。菌褶直生，密，白色至浅黄色。菌柄长 10～13 cm，粗 0.5～1.5 cm，向上逐渐变细，白色，基部较粗，呈淡黄色，附着有黄色的鳞片。菌环浅黄色，生于菌柄上部或顶部，膜质。菌托杯状，膜质，白色。

微观特征：孢子（6.5～9.5）μm×（6.0～8.0）μm，球形至近球形，无色。

生境：夏、秋季单生或群生于针阔混交林地上。

分布：亚洲。

食药用价值：有毒，含有鹅膏毒肽、鬼笔毒肽，中毒类型为胃肠炎型、神经精神型、肝脏损害型、呼吸循环衰竭型。

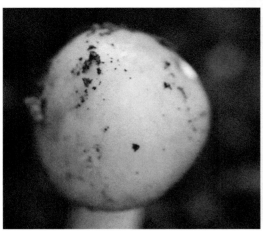

蘑菇目 Agaricales　色孢菌科 Callistosporiaceae

黄褐色孢菌
***Callistosporium luteoolivaceum* (Berk. & M.A. Curtis) Singer**

宏观特征：菌盖宽 1.5～3 cm，平展或脐状，光滑，橄榄棕色、橄榄黄色至暗土黄色，老后或干时暗黄棕色至深红棕色。菌肉薄，污白色或暗白色。菌褶直生，密，黄色或金黄色，干时暗红色至紫红色。菌柄长 2～5 cm，粗 0.3～0.7 cm，圆柱形或稍呈棒状，肉桂色、黄棕色或同菌盖色，老后或干时暗棕色至红棕色，纤维质，空心，有时具沟纹。气味温和或稍有辣味。

微观特征：孢子（5.0～6.0）μm×（3.0～3.5）μm，宽椭圆形，光滑，无色，非淀粉质。

生境：夏、秋季群生于针叶树腐木上。

分布：亚洲、欧洲和北美洲。

食药用价值：尚不明确。

蘑菇目 Agaricales　丝膜菌科 Cortinariaceae

白蓝丝膜菌
Cortinarius albocyaneus Fr.

宏观特征： 菌盖宽 3～7 cm，半球形至凸镜形，灰蓝色至深蓝色，后蓝灰色至灰褐色，边缘内卷，具蓝色至浅黄色纤毛。菌肉厚，蓝色，气味弱。菌褶弯生，密，蓝色，不等长，褶缘不整齐。菌柄长 5～7 cm，粗 0.5～1.2 cm，圆柱形或棍棒形，基部略粗，浅蓝色，表面具白色至淡黄色纤维，基部菌丝白色或浅蓝色。菌幕浅蓝色至浅灰黄色。

微观特征： 孢子（7.5～9.0）μm×（6.0～7.0）μm，近球形至卵圆形，粗糙，黄褐色至褐色。

生境： 夏、秋季单生或群生于落叶松和桦树混交林地上。

分布： 亚洲和欧洲。

食药用价值： 曾有报道可食用，但需慎重。

蘑菇目 Agaricales　丝膜菌科 Cortinariaceae

棕绿丝膜菌
Cortinarius cotoneus Fr.

宏观特征：菌盖宽 4～7 cm，平展至凸镜形，黄褐色，上被鳞片。菌肉白色。菌褶弯生，稀疏，浅紫色，不等长，褶缘波状。菌柄长 6～7.5 cm，粗 0.5～1.5 cm，圆柱形，近白色带棕褐色，实心，柄基膨大。菌环膜质，上位，下垂，易脱落，不活动。

微观特征：孢子（6.5～10）μm×（5.0～6.5）μm，卵圆形，具小瘤，有尖突，黄褐色。

生境：秋季单生或群生于阔叶林地上。

分布：亚洲、欧洲和北美洲。

食药用价值：尚不明确。

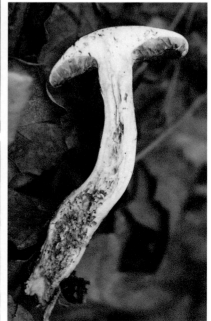

蘑菇目 Agaricales 丝膜菌科 Cortinariaceae

红肉丝膜菌
Cortinarius rubricosus (Fr.) Fr.

宏观特征：菌盖宽 3～9 cm，幼时圆形至宽钟形，后平凸至平展，由米黄色至红棕色变为黄褐色至橙棕色，表面有红棕色条纹，微纤维化。菌肉淡红褐色。菌褶弯生，黄褐色至浅棕色。菌柄长 4～8 cm，粗0.5～2 cm，近圆柱形，米白色至橙棕色。

微观特征：孢子（6.0～7.5）μm×（4.0～5.0）μm，杏仁形至椭圆形，微粗糙，锈棕色。

生境：夏、秋季单生或群生于阔叶林地上。

分布：世界广泛分布。

食药用价值：尚不明确。

蘑菇目 Agaricales　丝膜菌科 Cortinariaceae

城市丝膜菌
Cortinarius urbicus (Fr.) Fr.

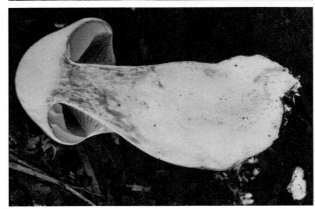

宏观特征： 菌盖宽 3～9 cm，半球形、凸镜形或伞形，通常为红棕色至近灰白色，表面湿时略黏。菌肉厚，通常为蓝色或白色，气味较甜。菌褶直生，较密集，褐色，褶缘不平整。菌柄长 3～8 cm，粗 0.5～1.5 cm，近梭形，基部膨大，表面有片状花纹，常呈蓝色、白色和黄色。菌幕白色。

微观特征： 孢子（7.0～8.5）µm×（4.5～5.5）µm，椭圆形至长椭圆形，棕红色。

生境： 夏、秋季单生或散生于阔叶林地上。

分布： 亚洲、欧洲和北美洲。

食药用价值： 尚不明确。

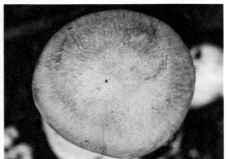

蘑菇目 Agaricales　靴耳科 Crepidotaceae

球孢靴耳
Crepidotus cesatii (Rabenh.) Sacc.

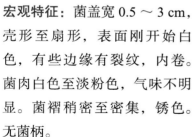

宏观特征：菌盖宽 0.5～3 cm，壳形至扇形，表面刚开始白色，有些边缘有裂纹，内卷。菌肉白色至淡粉色，气味不明显。菌褶稍密至密集，锈色。无菌柄。

微观特征：孢子（6.5～8.5）μm×（5.5～7.0）μm，宽椭圆形至近球形，内含大油滴，表面有小刺，淡锈色。

生境：夏、秋季群生于阔叶树腐木上。

分布：亚洲、非洲、北美洲。

食药用价值：可食用。

蘑菇目 Agaricales　靴耳科 Crepidotaceae

软靴耳
Crepidotus mollis (Schaeff.) Staude

宏观特征： 菌盖宽 1 ～ 5 cm，半圆形、扇形、贝壳形，或初期钟形，后期凸镜形至平展，水浸后半透明，黏，干后全部纯白色至灰白色或黄褐色至褐色，稍带黄土色，有绒毛和灰白色粉末，易脱落至光滑。菌肉薄，表皮下似胶质，近白色。菌褶延生至离生，稍密，从盖至基部辐射而出，初白色，后变为褐色、深肉桂色或淡锈色。无菌柄。

微观特征： 孢子（7.5 ～ 10）μm×（5.0 ～ 6.5）μm，椭圆形至卵圆形，光滑，淡锈色。

生境： 夏、秋季叠生或群生于枯腐木上。

分布： 亚洲、欧洲、南美洲、北美洲和大洋洲。

食药用价值： 可食用。

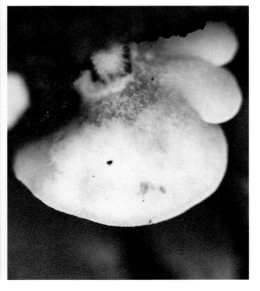

蘑菇目 Agaricales　靴耳科 Crepidotaceae

锯齿状绒盖伞
Simocybe serrulata (Murrill) Singer

宏观特征：菌盖宽 0.8 ～ 1.0 cm，半球形至近平展，中央有凹陷，黄色至棕色，边缘水浸状。菌肉薄，灰色。菌褶弯生至延生，较稀疏，污白色至灰色。菌柄长 1.5 ～ 2.0 cm，粗 0.1 ～ 0.2 cm，淡黄色至棕色，圆柱形，空心，表面有白色绒毛。

微观特征：孢子（6.0 ～ 8.5）μm×（4.0 ～ 5.0）μm，椭圆形至长椭圆形、豆形，光滑，浅黄色至黄色。

生境：秋季单生或散生于白桦树腐木上。

分布：亚洲、欧洲、南美洲和北美洲。

食药用价值：尚不明确。

蘑菇目 Agaricales　粉褶蕈科 Entolomataceae

毛柄粉褶蕈
***Entoloma hirtipes* (Schumach.) M.M. Moser**

宏观特征：菌盖宽 2～5 cm，钟形至扁半球形，中部凸起，表面灰褐色至浅赭褐色，中央色深。菌肉薄，灰褐色。菌褶直生或弯生，污白粉色至粉红褐色。菌柄长 6～13 cm，粗 0.2～0.5 cm，圆柱形，青灰色，具白细绒毛。

微观特征：孢子（10.5～15.5）μm×（8.0～10.5）μm，宽椭圆状多角形。

生境：夏、秋季单生或群生于针阔混交林地上。

分布：亚洲和欧洲。

食药用价值：尚不明确。

蘑菇目 Agaricales　粉褶蕈科 Entolomataceae

绿变粉褶蕈
Entoloma incanum (Fr.) Hesler

宏观特征：菌盖宽 0.5～1 cm，中央凹陷或凸起，黄绿色至褐色，边缘有条纹。菌肉薄，黄绿色。菌褶近直生，白色至黄绿色。菌柄长 5～7 cm，粗 0.1～0.4 cm，近圆柱形，基部菌丝白色。

微观特征：孢子（7.0～12）μm×（5.0～8.0）μm，不规则六边形。

生境：夏、秋季单生或群生于阔叶林地上。

分布：亚洲、欧洲和北美洲。

食药用价值：有报道有毒。

蘑菇目 Agaricales　粉褶蕈科 Entolomataceae

锈红粉褶蕈
Entoloma rusticoides (Gillet) Noordel.

宏观特征：菌盖宽 1～2.5 cm，幼时凸出或扁平凸出，中央脐凸，成熟后变平展，不具有吸湿性或吸湿性较小，边缘稍半透明，具条纹，稍微弯曲。菌肉非常薄，棕灰色，气味不明显。菌褶稍延生，稀疏，灰色或棕灰色，颜色较菌盖浅，成熟后变为粉棕色。菌柄长 1.5～3 cm，粗 0.2～0.4 cm，圆柱形，直或较弯曲，颜色与菌盖相似，表面几乎光滑或有极小的白色绒毛。

微观特征：孢子（8.0～10.5）μm×（7.0～10.5）μm，近球形或椭圆形，具有 5～6 个不明显的角。

生境：夏、秋季群生于长有苔藓和地衣的地上或草丛中。

分布：亚洲和欧洲。

食药用价值：尚不明确。

蘑菇目 Agaricales 拟帽伞科 Galeropsidaceae

安的拉斑褶菇
Panaeolus antillarum (Fr.) Dennis

宏观特征: 菌盖宽3～6 cm，钟形至凸形，白色至浅灰色或黄色，表面光滑。菌褶弯生，灰色，成熟时变黑色。菌柄长4～22 cm，粗0.5～1 cm，实心，基部稍膨大。孢子印乌黑色。

微观特征: 孢子（15～20）μm×（10～14）μm，椭圆形，光滑，黑褐色。

生境: 夏、秋季单生或群生于牧场或林缘草地上。

分布: 亚洲、欧洲、南美洲、北美洲和大洋洲。

食药用价值: 尚不明确。

蘑菇目 Agaricales　拟帽伞科 Galeropsidaceae

蝶形斑褶菇
Panaeolus papilionaceus (Bull.) Quél.

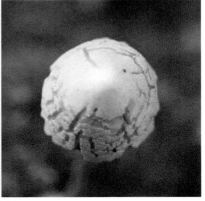

宏观特征： 菌盖宽 2 ～ 4.5 cm，幼时卵圆形，成熟后为钟形，中央稍微凸起，浅灰褐色，受潮时颜色更深，中部变为暗褐色，表面光滑，干时有裂片，边缘往往留有菌幕残片。菌肉较薄，颜色为淡灰色。菌褶弯生，幼时灰色，后变为黑色。菌柄长 6 ～ 13 cm，粗 0.2 ～ 0.3 cm，为细长柱形，顶部为灰白色，有条纹，下部带红褐色，内部空心。孢子印黑色。

微观特征： 孢子（17.5 ～ 19.5）μm×（8.5 ～ 10.5）μm，长椭圆形，光滑，黑褐色。

生境： 春至秋季丛生于粪地上。

分布： 亚洲、欧洲、非洲和北美洲。

食药用价值： 神经精神型毒蘑菇。

蘑菇目 Agaricales　轴腹菌科 Hydnangiaceae

棘孢蜡蘑
Laccaria acanthospora A.W. Wilson & G.M. Muell.

宏观特征：菌盖宽 0.5 ~ 1.5 cm，表面凸起，有细小纤毛，橙色，边缘具条纹。菌褶弯生，稀疏，浅橙色。菌柄长 3 ~ 7 cm，粗 0.2 ~ 0.5 cm，圆柱形，中空，表面具纤维状条纹，基部橙粉色。

微观特征：孢子（7.0 ~ 12）μm×（6.0 ~ 10）μm，卵圆形，无色，有明显的脊刺。

生境：秋季单生或群生于针叶林或针阔混交林地上。

分布：世界广泛分布。

食药用价值：可食用，但子实体太小。可药用，此菌试验抗癌、对小白鼠肉瘤 S-180 和艾氏癌的抑制率高达 100%。

蘑菇目 Agaricales　蜡伞科 Hygrophoraceae

黄柄湿伞
Hygrocybe acutoconica (Clem.) Singer

宏观特征：菌盖宽 1～4 cm，幼时圆锥形，成熟后变为宽圆锥形，中央凸起，黄白色至橙色，表面黏滑，边缘有放射状纤维。菌褶离生，淡黄色至浅橙色。菌肉薄，黄色。菌柄长 5～8 cm，粗 0.3～0.6 cm，近棒形，浅黄色至橙色，上下等粗，有纵向凹槽，基部发白。

微观特征：孢子（9.0～12）μm×（5.0～7.0）μm，椭圆形，光滑，无色。

生境：春末至秋季单生或群生于阔叶林地上。

分布：亚洲、欧洲和北美洲。

食药用价值：尚不明确。

蘑菇目 Agaricales 蜡伞科 Hygrophoraceae

美味蜡伞
***Hygrophorus agathosmus* (Fr.) Fr.**

宏观特征： 菌盖宽 3.5～8 cm，幼时为半球形，成熟后渐平展，浅灰色，表面光滑。菌肉白色至淡黄色。菌褶直生或稍延生，较密，白色至浅灰色。菌柄细长，长 4～10 cm，粗 0.5～1.5 cm，圆柱形，上下近等粗，黄白色，内部空心，基部为白色。

微观特征： 孢子（7.0～9.5）μm×（4.0～5.5）μm，椭圆形，光滑，无色。

生境： 夏、秋季单生或散生于针阔混交林地上。

分布： 亚洲、欧洲和北美洲。

食药用价值： 食用菌。

蘑菇目 Agaricales　蜡伞科 Hygrophoraceae

乳白蜡伞
Hygrophorus hedrychii (Velen.) K. Kult

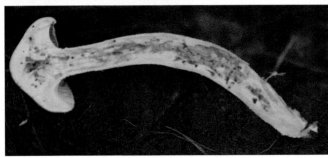

宏观特征： 菌盖宽 2～7 cm，扁半球形至扁平，中部凸起，乳白色，中部乳黄色或更深，表面平滑。菌肉白色。菌褶延生，稍密，乳白色至肉色。菌柄长 3～9 cm，粗 0.5 cm，近白色，具长条纹，顶部粗糙，基部淡褐色，稍细，内部松软。

微观特征： 孢子（6.5～9.5）μm×（3.0～4.0）μm，椭圆形，光滑，无色。

生境： 秋季群生于阔叶林地上。

分布： 亚洲、欧洲和北美洲。

食药用价值： 尚不明确。据报道不可食用。

蘑菇目 Agaricales　蜡伞科 Hygrophoraceae

柠檬黄蜡伞
Hygrophorus lucorum Kalchbr.

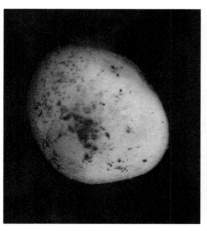  

宏观特征：菌盖宽 3～5 cm，幼时近半球形，后渐平展，中部略微突起，湿时胶黏，柠檬黄色，光滑。菌肉污白色或淡黄色，中部略厚，气味淡，味道温和。菌褶延生，稍稀，初期污白色，渐变为淡黄色。菌柄长 5～9 cm，粗 0.5～1.5 cm，圆柱形，上下近等粗或下部稍粗，白色或淡黄色，表面很黏，初实心，后空心。

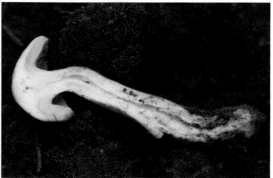

微观特征：孢子（7.5～9.0）μm×（4.0～6.5）μm，椭圆形，光滑，无色。

生境：夏、秋季散生或群生于针阔混交林地上。

分布：亚洲、欧洲和北美洲。

食药用价值：食用菌。

蘑菇目 Agaricales　蜡伞科 Hygrophoraceae

黄粉红蜡伞
Hygrophorus nemoreus (Pers.) Fr.

宏观特征： 菌盖宽 3～10 cm，扁半球形至稍扁平，中部稍下凹或呈脐状，呈粉黄红色或带粉肉红色，初期边缘内卷，表面干，有皱纹或细小鳞片。菌肉白色或乳黄色。菌褶直生又延生，稍密，乳白色至浅粉黄褐色。菌柄长 5～8 cm，粗 0.7～1.2 cm，圆柱形，顶部有粉粒，向基部渐变细，白色至乳黄色或带褐色，实心。

微观特征： 孢子（6.5～8.0）μm×（3.5～5.0）μm，椭圆形，光滑，无色。

生境： 秋季群生于混交林地上。

分布： 亚洲、欧洲和北美洲。

食药用价值： 可食用。

蘑菇目 Agaricales　层腹菌科 Hymenogastraceae

棒盔孢伞
Galerina clavata (Velen.) Kühner

宏观特征： 菌盖宽 0.5 ～ 1.5 cm，半球形至近平展，黄棕色至棕色，湿时边缘有透明状条纹，水浸状。菌肉薄，乳白色。菌褶直生至弯生，较稀，黄色至棕色。菌柄长 1.5 ～ 6 cm，粗 0.1 ～ 0.5 cm，黄色、黄棕色至褐色，圆柱形，表面具白色粉霜状绒毛，纤维质，空心。

微观特征： 孢子（10 ～ 12）μm×（5.0 ～ 6.0）μm，长椭圆形，表面近光滑或稍有褶皱，淡黄色至黄色。

生境： 夏、秋季散生于针阔混交林苔藓层上。

分布： 亚洲和欧洲。

食药用价值： 有报道有毒。

蘑菇目 Agaricales　层腹菌科 Hymenogastraceae

三域盔孢伞
Galerina triscopa (Fr.) Kühner

宏观特征：菌盖宽 0.3～1.2 cm，斗笠形至半球形，棕色至棕褐色，湿时具透明状条纹，边缘水浸状。菌肉薄，污白色。菌褶弯生至近离生，淡肉桂色至肉桂色。菌柄长 1～5 cm，粗 0.5～1 mm，圆柱形，黄棕色至深褐色，上部具白色粉霜状绒毛，下部稍具丝光，纤维质，空心。

微观特征：孢子（6.0～7.5）μm×（3.5～4.0）μm，宽椭圆形至椭圆形，具有疣状凸起，脐上光滑区明显，黄褐色。

生境：秋季散生于针阔混交林腐木或苔藓层上。

分布：亚洲、欧洲和北美洲。

食药用价值：有报道有毒。

蘑菇目 Agaricales　层腹菌科 Hymenogastraceae

中生黏滑菇
Hebeloma mesophaeum (Pers.) Quél.

宏观特征：菌盖宽 1.5～3.5 cm，初期半球形至凸镜形，后平展，通常菌盖中部凸起，表面胶黏或黏滑，浅土黄色、黄褐色至肉桂色，中央色深，向外逐渐变浅，边缘乳白色。菌肉较厚，淡灰褐色。菌褶直生，幼时白色，后呈米黄色或淡褐色，具白色边缘。菌柄长 2～5 cm，粗 0.2～0.5 cm，圆柱形，常弯曲，纵向有白色纤维，后期淡褐色，具米黄色或淡褐色纤维状鳞片。菌环易脱落，有时留有环带。

微观特征：孢子（7.5～10）μm×（4.0～6.0）μm，圆形至近杏仁形，具微细疣，淡褐色。

生境：夏、秋季单生或群生于针叶林地上。

分布：世界广泛分布。

食药用价值：尚不明确。

蘑菇目 Agaricales　不确定的科 Incertae sedies

无华梭孢伞
Atractosporocybe inornata (Sowerby) P. Alvarado, G. Moreno & Vizzini

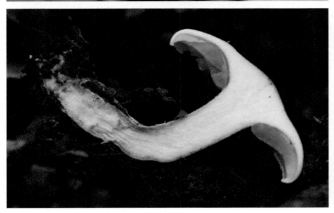

宏观特征： 菌盖宽 3～7 cm，扁半球形至平展，表面污白色至浅黄色，平滑，边缘有沟条纹，常波浪状。菌肉较薄，白色至浅灰褐色。菌褶直生至弯生，污白色至浅褐灰色。菌柄长 4～7 cm，粗 0.5～1.5 cm，近圆柱形，基部稍细，污白色至浅褐色，常具纵条纹，内部实心至松软。

微观特征： 孢子（7.0～9.0）μm×（3.0～4.0）μm，长梭形，光滑，无色。

生境： 夏、秋季单生或群生于阔叶林地或林缘草地上。

分布： 亚洲、欧洲和北美洲。

食药用价值： 尚不明确。

蘑菇目 Agaricales　不确定的科 Incertae sedies

肉质杯伞
Clitocybe diatreta (Fr.) P. Kumm.

宏观特征：菌盖宽 3 ～ 8 cm，浅凹陷，粉褐色至黄褐色。菌褶稍下延，密集，白色。菌柄长 3 ～ 6 cm，粗 0.3 ～ 0.5 cm，颜色与菌盖相似，纤维状，中空，基部稍膨大，有白色绒毛。

微观特征：孢子（3.5 ～ 5.5）μm×（2.5 ～ 3.0）μm，长椭圆形，光滑，无色。

生境：夏、秋季群生于针叶林地上。

分布：亚洲、欧洲和北美洲。

食药用价值：尚不明确，有报道可食。

蘑菇目 Agaricales　不确定的科 Incertae sedies

芳香杯伞
Clitocybe fragrans (With.) P. Kumm.

宏观特征： 菌盖宽 2.5 ～ 5 cm，初期扁平，开伞后中部有凹窝，薄，水浸状，浅黄色，湿润时边缘显出条纹。菌肉很薄，白色，气味明显香。菌褶直生至延生，较宽，白色至带白色。菌柄长 4 ～ 8 cm，粗 0.4 ～ 0.8 cm，细长，圆柱形，同盖色，光滑，基部有细绒毛，内部空心。孢子印白色。

微观特征： 孢子（6.5 ～ 8.5）μm×（3.5 ～ 4.5）μm，长椭圆形，光滑，无色。

生境： 夏末至秋季单生或群生于阔叶林或针阔混交林地上。

分布： 亚洲、欧洲和北美洲。

食药用价值： 可食用，具明显的芳香气味，但也有含毒的记载。

蘑菇目 Agaricales　不确定的科 Incertae sedies

香杯伞
Clitocybe odora (Bull.) P. Kumm

宏观特征：菌盖宽 2 ～ 8 cm，幼时呈现半球形，成熟后开伞变为扁平，菌盖边缘向内卷，表面湿润，边缘水浸状，幼时颜色灰绿色，成熟后颜色为污白色，边缘平滑或有不明显条纹。菌肉白色，具强烈特殊香气味。菌褶延生，稍密，白色至污白色。菌柄长 2.5 ～ 6 cm，粗 0.5 ～ 0.8 cm，圆柱形或基部稍粗，有时弯曲，同盖色，上部有粉末，有纵向条纹，基部有白色绒毛，内部疏松至空心。

微观特征：孢子（7.0 ～ 7.5）μm×（4.5 ～ 5.0)μm，椭圆形，光滑，无色。

生境：夏、秋季散生或群生于阔叶林腐枝落叶层上。

分布：亚洲、欧洲、北美洲和大洋洲。

食药用价值：食用菌。

蘑菇目 Agaricales　不确定的科 Incertae sedies

落叶杯伞
***Clitocybe phyllophila* (Pers.) P. Kumm.**

宏观特征：菌盖宽 2 ～ 6 cm，初期扁半球形，光滑，无毛，边缘稍内卷，后期渐平展，中部平或稍微下凹，中央浅黄褐色。边缘整齐，无条纹，干燥，纯白色。菌肉较薄，白色。菌褶直生或近延生，较密，白色。菌柄长 2 ～ 8 cm，粗 0.3 ～ 0.8 cm，圆柱形或向下渐渐变细，白色，水渍状，表面近平滑，常见白色和水渍色相间形成的纵向条纹，初期中实，后中空。

微观特征：孢子（4.0 ～ 5.0）μm×（2.5 ～ 3.5）μm，椭圆形，光滑，无色。

生境：秋季群生于针叶林地上，有时近似丛生。

分布：亚洲、欧洲和北美洲。

食药用价值：尚不明确。有报道为精神神经型毒蘑菇，但也有采食的记录。

蘑菇目 Agaricales　不确定的科 Incertae sedies

朱红小囊皮菌
Cystodermella cinnabarina (Alb. & Schwein.) Harmaja

宏观特征：菌盖宽 3～6.5 cm，幼时为半球形至扁半球形，成熟后逐渐变宽接近扁平，表面带有红色鳞片。菌肉白色，无明显味道。菌褶离生，白色，部分带有丝状物。菌柄长 3～6 cm，粗 0.3～0.6 cm，棒形，周围由鳞片包裹，基部发白，中空。

微观特征：孢子（4.0～5.5）μm×（2.5～3.0）μm，椭圆形，光滑，近无色。

生境：夏末至秋季散生于针叶林地上。

分布：亚洲、欧洲、南美洲、北美洲和大洋洲。

食药用价值：可食用。

蘑菇目 Agaricales　不确定的科 Incertae sedies

白黄卷毛菇
***Floccularia albolanaripes* (G.F. Atk.) Redhead**

宏观特征： 菌盖宽 4 ～ 12 cm，平凸或扁平，表面较黏，具有辐射状纤毛和一些小鳞片，黄棕色至棕色。菌肉白色或略带黄色。菌褶离生，乳白色或淡黄色。菌柄长 2 ～ 8 cm，粗 0.5 ～ 1.5 cm，黄色或褐色，下部附着有柔软的黄白色鳞片。

显微特征： 孢子（5.0 ～ 8.0）μm×（4.0 ～ 5.0）μm，椭圆形，光滑，无色。

生境： 夏、秋季单生或群生于针阔混交林地上。

分布： 亚洲和北美洲。

食药用价值： 美味食用菌。

蘑菇目 Agaricales　不确定的科 Incertae sedies

碱紫漏斗伞
Infundibulicybe alkaliviolascens (Bellù) Bellù

宏观特征：菌盖宽 2 ～ 6 cm，幼时平展，成熟后中间凹陷，边缘稍外卷，呈波浪状，整体呈漏斗形，米褐色，中间颜色加深，水浸状，有白色绒毛，干后菌盖边缘薄脆。菌肉白色。菌褶延生，乳白色，褶间有横脉。菌柄长 4 ～ 8 cm，宽 0.3 ～ 1 cm，鲜时菌柄与菌盖同色，有纵条纹，干后表面纵条纹加深，基部稍膨大，有白色菌丝。

微观特征：孢子（5.0～7.0）μm×（3.5 ～ 4.5）μm，椭圆形至亚杏形，光滑，无色。

生境：夏、秋季散生或群生于以针叶林为主的针阔混交林地上。

分布：亚洲、欧洲和北美洲。

食药用价值：尚不明确。

蘑菇目 Agaricales　不确定的科 Incertae sedies

深凹漏斗伞
Infundibulicybe gibba (Pers.) Harmaja

宏观特征： 菌盖宽 3 ～ 9 cm，初时平坦或凹陷，后变深凹，肉色至棕褐色，光滑。菌肉较薄，白色。菌褶延生，白色至淡奶油色。菌柄长 2.5 ～ 8 cm，粗 0.5 ～ 1 cm，圆柱形，白色至灰白色，基部有白色菌丝。

微观特征： 孢子（6.0 ～ 9.0）μm×（4.0 ～ 5.0）μm，泪滴形至椭圆形，光滑，无色。

生境： 夏、秋季单生或群生于阔叶林地上。

分布： 亚洲、欧洲、非洲、北美洲和大洋洲。

食药用价值： 食用菌。

蘑菇目 Agaricales　不确定的科 Incertae sedies

红银盘漏斗伞
Infundibulicybe hongyinpan L. Fan & H. Liu

宏观特征：菌盖宽 5～15 cm，初期平或中部微凸，边缘稍内卷，潮湿时呈现明显或不明显宽条纹，渐渐扁平到中部下凹，或多或少呈盘形至浅杯形，边缘平展或波浪状，表面干燥，没有明显的水渍状痕迹，肉褐色、肉红色、黄褐色、浅红褐色或红褐色，平滑，无纤毛或鳞片。菌肉厚或较厚，白色，受伤不变色。菌褶延生，中等密度，边缘锐，初期白色，后黄白色或浅奶油黄色。菌柄长 5～12 cm，粗 1.5～3 cm，圆柱形，与菌褶近同色，或后期稍有浅肉褐色，通常有白色与水渍色相间的纵向条纹，中实，基部通常呈水渍状。

微观特征：孢子（5.5～8.0）μm×（4.5～6.0）μm，宽椭圆形至近球形，侧面观泪滴形，光滑，无色。

生境：秋季单生或群生于云杉和落叶松为建群种的林内草地上，形成蘑菇圈。

分布：亚洲。

食药用价值：食用菌。

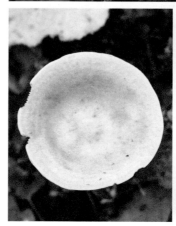

蘑菇目 Agaricales　不确定的科 Incertae sedies

裸香蘑
Lepista nuda (Bull.) Cooke

宏观特征：菌盖宽 3 ～ 7.5 cm，幼时为扁球形，成熟后平展，中央稍微下凹，灰白色至淡紫色，边缘内卷，具有较浅条纹，常呈波状或者瓣状。菌褶直生或者弯生，淡紫色。菌柄长 3 ～ 6.5 cm，粗 0.3 ～ 1 cm，同菌盖色，基部稍粗。

微观特征：孢子（7.0 ～ 10）μm×（3.5 ～ 5.0）μm，椭圆形至近卵圆形，具麻点，粗糙，无色。

生境：夏、秋季群生于针阔混交林地上。

分布：世界广泛分布。

食药用价值：食用菌，味道鲜美。

蘑菇目 Agaricales 不确定的科 Incertae sedies

林缘香蘑
***Lepista panaeolus* (Fr.) P. Karst.**

宏观特征：菌盖宽 2 ～ 8 cm，幼时凸起，伞形，后平展，表面灰色至灰棕色，有黑色斑点。菌肉白色或乳白色。菌褶延生，较密，白色至浅灰色。菌柄短粗，长 3 ～ 5.5 cm，粗 0.5 ～ 1 cm，纤维状，有时有条纹，颜色比菌盖浅，近似圆柱形。

微观特征：孢子（5.5 ～ 6.5）μm×（3.5 ～ 4.5）μm，椭圆形，粗糙，无色。

生境：夏、秋季群生于阔叶林地上。

分布：亚洲、欧洲和非洲。

食药用价值：食用菌。

蘑菇目 Agaricales 不确定的科 Incertae sedies

紫晶香蘑
Lepista sordida (Schumach.) Singer

宏观特征： 菌盖宽 4～8 cm，初期中部稍上凸，后平展或中部稍下凹，边缘内卷，呈波浪状，紫色或藕粉色。菌肉较厚，淡紫色。菌褶直生或弯生，有时稍延生，白色。菌柄长 4～6.5 cm，粗 0.2～1 cm，与菌盖同色，实心，靠近基部常弯曲。

微观特征： 孢子（7.0～9.5）μm×（4.0～5.5）μm，椭圆形至近卵圆形，具小刺，无色。

生境： 夏、秋季群生于阔叶林地上。

分布： 世界广泛分布。

食药用价值： 食用菌，香味浓郁，味道鲜美。

蘑菇目 Agaricales　不确定的科 Incertae sedies

小白白伞
Leucocybe candicans (Pers.) Vizzini, P. Alvarado, G. Moreno & Consiglio

宏观特征：菌盖宽 1～5 cm，漏斗形，黄白色至灰棕色。菌肉白色。菌褶延生，颜色同菌盖，干燥后变暗。菌柄长 2～3.5 cm，粗 0.2～0.3 cm，白色至浅棕色，表面纤维状，中空。

微观特征：孢子（3.5～5.0）μm×（2.0～2.5）μm，椭圆形，无色。

生境：夏、秋季单生或群生于阔叶林或针叶林草地上。

分布：亚洲、欧洲、北美洲和大洋洲。

食药用价值：胃肠炎型、呼吸循环衰竭型、神经精神型毒蘑菇。

蘑菇目 Agaricales 不确定的科 Incertae sedies

合生白伞
Leucocybe connata (Schumach.) Vizzini

宏观特征：菌盖宽 3 ～ 10 cm，初期凸镜形，后期渐平展，有时中部稍突，白色至近灰白色，近边缘具皱条纹。菌肉厚，白色。菌褶直生至延生，稠密，白色至浅黄色。菌柄长 7 ～ 15 cm，粗 2 ～ 5 cm，圆柱形，下部弯曲，常有许多菌柄丛生在一起，内部实心至松软。

微观特征：孢子（5.5 ～ 7.0）μm×（2.5 ～ 3.5）μm，椭圆形，光滑，无色。

生境：夏、秋季丛生于阔叶林地上。

分布：亚洲、欧洲和北美洲。

食药用价值：食用菌，味道鲜美。

蘑菇目 Agaricales　不确定的科 Incertae sedies
华美白鳞伞
Leucopholiota decorosa (Peck) O.K. Mill., T.J. Volk & Bessette

宏观特征：菌盖宽 3.0 ～ 5.5 cm，初期菌盖球形，成熟后逐渐平展，边缘内卷。表面干燥，覆盖有大量锈褐色的内弯鳞片。菌肉白色，肉质。菌褶弯生，密，白色。菌柄长 2.5 ～ 5 cm，粗 0.5 ～ 1.0 cm，从底部到菌环处表面覆盖有与菌盖一样的锈褐色鳞片，菌环以上表面光滑。部分菌幕残留形成纤维状菌环，黄褐色，粗糙，上位。

微观特征：孢子（4.0 ～ 6.0）μm×（3.0 ～ 4.0）μm，椭圆形，光滑，无色。

生境：一般在夏末或秋初时单生或散生于白桦腐木上。

分布：亚洲和北美洲。

食药用价值：尚不明确。

蘑菇目 Agaricales 不确定的科 Incertae sedies

灰棕铦囊蘑
Melanoleuca cinereifolia (Bon) Bon

宏观特征： 菌盖宽 3.5 ～ 7 cm，平展中间渐高至平展，中央淡褐色，四周灰色，边缘卷起。菌褶直生，密集，白色至微黄色，波状。菌柄长 4.5 ～ 5.5 cm，宽 0.2 ～ 0.4 cm，圆柱形，灰咖啡色至淡褐色，基部膨大，有纵向纤维状条纹，中实。

微观特征： 孢子（7.0 ～ 8.5）μm×（4.0 ～ 5.0）μm，椭圆形至长椭圆形，表面有小疣，无色。

生境： 秋季单生或散生于针阔混交林地上。

分布： 亚洲和欧洲。

食药用价值： 尚不明确。

蘑菇目 Agaricales 不确定的科 Incertae sedies

近亲铦囊蘑
***Melanoleuca cognata* (Fr.). Konrad & Maubl.**

宏观特征：菌盖宽 5 ～ 10 cm，近圆形，平展，中间微凸，黄褐色，边缘稍微卷曲，表面光滑。菌褶顶端微凹，直生，密集，白色至淡黄色。菌柄长 3.5 ～ 12.5 cm，粗 0.5 ～ 1 cm，圆柱形，赭棕色，有纵向纤维状条纹，中空。

微观特征：孢子（7.0 ～ 9.5）μm×（4.0 ～ 5.5）μm，椭圆形至长椭圆形，表面有密集的小疣，无色。

生境：夏、秋季单生或散生于林缘草地上。

分布：亚洲、欧洲、南美洲和北美洲。

食药用价值：食用菌。

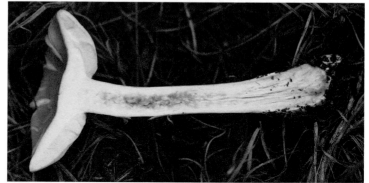

蘑菇目 Agaricales 不确定的科 Incertae sedies

毛缘菇
***Ripartites tricholoma* (Alb. & Schwein.) P. Karst.**

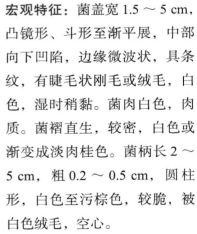

宏观特征： 菌盖宽 1.5 ～ 5 cm，凸镜形、斗形至渐平展，中部向下凹陷，边缘微波状，具条纹，有睫毛状刚毛或绒毛，白色，湿时稍黏。菌肉白色，肉质。菌褶直生，较密，白色或渐变成淡肉桂色。菌柄长 2 ～ 5 cm，粗 0.2 ～ 0.5 cm，圆柱形，白色至污棕色，较脆，被白色绒毛，空心。

微观特征： 孢子（4.0 ～ 6.0）μm×（3.5 ～ 5.0）μm，宽椭圆形或近球形，表面具小疣，淡黄色或近无色。

生境： 秋季单生或群生于阔叶林地上。

分布： 亚洲、欧洲、非洲、南美洲和北美洲。

食药用价值： 尚不明确。

蘑菇目 Agaricales 不确定的科 Incertae sedies

白漏斗辛格杯伞

***Singerocybe alboinfundibuliformis* (Seok, Yang S. Kim, K.M. Park, W.G. Kim, K.H. Yoo & I.C. Park) Zhu L. Yang, J. Qin & Har. Takah.**

宏观特征：菌盖宽为 1～5 cm，漏斗形，白色或黄白色，边缘内卷，表面水浸状。菌肉白色，极薄。菌褶延生，白色。菌柄长 2～4.5 cm，粗 0.3～0.6 cm，圆柱形，白色至黄白色，向基部渐细。

微观特征：孢子（3.5～7.0）μm×（3.0～4.0）μm，椭圆形至水滴形，光滑，无色。

生境：夏、秋季单生或群生于针阔混交林地上。

分布：亚洲。

食药用价值：可食用。

蘑菇目 Agaricales　不确定的科 Incertae sedies

小火焰拟口蘑
***Tricholomopsis flammula* Métrod**

宏观特征： 菌盖宽 5～9.5 cm，初期表面中间较凸，边缘内卷，覆有短绒毛，后渐平展，中部微凹，中心鳞片较大，呈酒红色或紫红色，边缘变薄，浅棕色至亮黄色，覆有小而脆的鳞片。菌肉较厚，浅黄色至暗黄色。菌褶弯生，柠檬黄色。菌柄长 2.5～5.5 cm，粗 0.5～1 cm，圆柱形，浅黄至暗黄色。

微观特征： 孢子（6.0～8.5）μm×（3.5～4.5）μm，椭圆形至宽椭圆形，光滑，无色。

生境： 夏、秋季单生或群生于针叶树腐木上。

分布： 亚洲和欧洲。

食药用价值： 尚不明确。

蘑菇目 Agaricales　丝盖伞科 Inocybaceae

土黄丝盖伞
Inocybe godeyi Gillet

宏观特征：菌盖宽 2～4 cm，初期近钟形，后呈斗笠形至平展，中部有钝凸起，土黄色，表面丝质光滑，具放射状纤毛。菌肉近白色，有土腥味。菌褶直生，灰白色至土黄色，成熟后或受伤后带橙红色。菌柄长 3.5～6 cm，粗 0.2～0.3 cm，同盖色，中实，有光泽。

微观特征：孢子（7.0～10）μm×（7.0～8.0）μm，具瘤状凸起或呈星状。

生境：秋季单生或群生于壳斗科林地上。

分布：亚洲、欧洲和北美洲。

食药用价值：神经精神型毒蘑菇。

蘑菇目 Agaricales　丝盖伞科 Inocybaceae

光帽丝盖伞
Inocybe nitidiuscula (Britzelm.) Lapl.

宏观特征： 菌盖宽 1.5～3 cm，幼时近圆锥形，后钟形至渐平展，中央具小凸起，光滑，褐色至深褐色，中部色深，向边缘渐淡，纤丝状，具放射状小缝裂至开裂。菌肉白色。菌褶直生至近延生，较密，初时污白色，后变黄褐色。菌柄长 2.2～2.5 cm，粗 0.3～0.5 cm，圆柱形，上部粉褐色，下部淡褐色至灰白色，基部膨大，具白色菌丝体。

微观特征： 孢子（8.0～15）μm×（5.0～7.5）μm，椭圆形至近胡桃形，光滑，淡黄褐色。

生境： 夏、秋季单生或散生于阔叶林地上。

分布： 亚洲、欧洲和北美洲。

食药用价值： 神经精神型毒蘑菇。

蘑菇目 Agaricales 丝盖伞科 Inocybaceae

近淡紫丝盖伞
Inocybe sublilacina Matheny & A.Voitk

宏观特征： 菌盖宽为 2 ～ 3.5 cm，初期为锥形，后期平展，表面具有不明显条纹，淡紫色至浅褐色。菌肉白色。菌褶直生至离生，较密，灰白色。菌柄长 2 ～ 5 cm，粗 0.3 ～ 0.6 cm，圆柱形，灰白色，带淡紫色。

微观特征： 孢子（9.0 ～ 10.5）μm×（5.0 ～ 6.0）μm，椭圆形，光滑，黄褐色。

生境： 夏、秋季单生或群生于针叶林或针阔混交林落叶层中。

分布： 亚洲和北美洲。

食药用价值： 尚不明确。

蘑菇目 Agaricales　丝盖伞科 Inocybaceae

斑点新孢丝盖伞
Inosperma maculatum (Boud.) Matheny & Esteve-Rav.

宏观特征：菌盖宽 1.2～6 cm，伞形，表面有明显放射状条纹，黄白色至黄色。菌肉黄白色。菌褶离生或直生，较密，黄白色。菌柄长 5～7 cm，粗 0.2～0.5 cm，圆柱形，乳白色至褐色，基部膨大，成熟后中空。

微观特征：孢子（9.0～11）μm×（4.5～5.5）μm，椭圆形至长椭圆形，光滑，黄褐色至棕色。

生境：夏、秋季单生或散生于阔叶林或混交林地上。

分布：亚洲、欧洲和北美洲。

食药用价值：神经精神型毒蘑菇。

蘑菇目 Agaricales　离褶伞科 Lyophyllaceae

金色丽蘑
Calocybe gangraenosa (Fr.) V. Hofst.

宏观特征：菌盖宽 6.5 ～ 10 cm，初期近锥形至扁半球形，成熟后接近扁平，中部稍凸起或稍下凹，表面污白色至浅灰褐色（成熟时），平滑或有放射状细绒毛，幼时边缘内卷。菌褶弯生，稠密，污白色至灰白色，有小菌褶。菌肉较厚，白色，具有强烈的蘑菇香气。菌柄长 3.5 ～ 6 cm，粗 0.5 ～ 3 cm，接近圆柱形，等粗或基部稍膨大或逐渐变细，有白色绒毛，表面白色至浅棕色，内部实心，受伤后变为灰棕色。

微观特征：孢子（6.0 ～ 8.5）µm×（3.0 ～ 4.5）µm，长椭圆形，具小疣，无色。

生境：夏、秋季单生或丛生于阔叶林或针阔混交林地上。

分布：亚洲、欧洲和北美洲。

食药用价值：尚不明确。

蘑菇目 Agaricales　离褶伞科 Lyophyllaceae

荷叶离褶伞
Lyophyllum decastes (Fr.) Singer

宏观特征： 菌盖宽 5 ～ 16 cm，扁半球形至平展，中部下凹，灰白色至灰黄色，光滑，不黏，边缘平滑且初期内卷，后伸展呈不规则波状瓣裂。菌肉中部厚，白色。菌褶直生至延生，稍密至稠密，白色。菌柄长 3 ～ 8 cm，粗 0.7 ～ 1.8 cm，近圆柱形或稍扁，白色，光滑，实心。

微观特征： 孢子（5.0 ～ 7.0）μm×（5.0 ～ 6.0）μm，近球形，光滑，无色。

生境： 夏、秋季丛生于草地或阔叶林地上。

分布： 亚洲、欧洲和北美洲。

食药用价值： 食用菌，味道鲜美。

蘑菇目 Agaricales　离褶伞科 Lyophyllaceae
斯氏灰顶伞
Tephrocybe striipilea (Fr.) Donk

宏观特征：菌盖宽 1～2.5 cm，半球形、凸面至中凹，白色至灰色，边缘颜色较浅。菌肉较薄，白色。菌褶延生，白色。菌柄长 5～8 cm，粗 0.2～0.4 cm，圆柱形，与盖同色。

微观特征：孢子（3.0～6.0）μm×（2.5～5.0）μm，椭圆形，光滑，无色。

生境：夏、秋季单生于针阔混交林地上。

分布：亚洲和欧洲。

食药用价值：尚不明确。

蘑菇目 Agaricales　小皮伞科 Marasmiaceae

大囊小皮伞
Marasmius macrocystidiosus Kiyashko & E.F. Malysheva

宏观特征： 菌盖宽 3 ~ 5.5 cm，幼时中部凸起，伞形，后稍平展，成熟后中部下凹，边缘开裂，棕色或灰棕色，表面光滑，具吸湿性。菌肉白色，无明显气味与味道。菌褶弯生，白色，边缘不整齐。菌柄长 4 ~ 6.5 cm，粗 0.4 ~ 0.6 cm，圆柱形，向基部渐宽，中空，纤维质，具细微纵向条纹，与菌盖同色，干燥，表面具粉霜，基部稍膨大，有白色菌丝体。

微观特征： 孢子（6.5 ~ 10）μm×（3.5 ~ 4.5）μm，椭圆形、肾形或豆形，光滑，无色。

生境： 夏季散生于油松、白桦混交林地上。

分布： 世界广泛分布。

食药用价值： 食用菌。

蘑菇目 Agaricales　小皮伞科 Marasmiaceae

干小皮伞
***Marasmius siccus* (Schwein.) Fr.**

宏观特征：菌盖宽 0.5～3 cm，垫形或钟形，中央有尖突或凹陷，明显打褶，光滑或微微粗糙，干燥，新鲜时呈橙色，褪色后变淡橙色。菌褶离生，白色至淡黄色。菌柄长 2.5～6.5 cm，粗 0.1～0.2 cm，表面干燥，上面发白或淡黄，向基部棕色。菌肉薄，味道温和或微苦。

微观特征：孢子（17～23.5）μm×（3.0～5.0）μm，纺锤形，光滑，无色。

生境：夏、秋季散生或群生于阔叶林落叶层中。

分布：亚洲、欧洲、非洲和北美洲。

食药用价值：尚不明确。

蘑菇目 Agaricales　小菇科 Mycenaceae

盔盖小菇
Mycena galericulata (Scop.) Gray

宏观特征：菌盖宽 2～4 cm，钟形或呈盔帽状，边缘稍伸展，表面干燥，灰黄至浅灰褐色，有深色污斑，光滑，有细条棱。菌肉薄，白色至污白色。菌褶直生或稍有延生，初期污白色，后浅灰黄至带粉肉色。菌柄长 8～12 cm，粗 0.2～0.5 cm，圆柱形，污白色，表面光滑，内部空心，基部有白色绒毛。

微观特征：孢子（8.0～11.5）μm×（6.5～8.0）μm，椭圆形或近卵圆形，光滑，无色。

生境：夏、秋季单生、散生或群生于混交林中腐枝落叶层中或腐木上。

分布：世界广泛分布。

食药用价值：可食用。

蘑菇目 Agaricales　小菇科 Mycenaceae

血红小菇
Mycena haematopus (Pers.) P. Kumm.

宏观特征：菌盖宽 2.5 ～ 5.0 cm，伞形至钟形，中间暗红色至红褐色，边缘色渐浅，常开裂，伤后流出血红色汁液。菌肉薄，白色至酒红色。菌褶直生或近弯生，较稀疏，白色或浅褐色。菌柄长 3 ～ 8.5 cm，粗 0.2 ～ 0.3 cm，圆柱形，上下等粗，与菌褶同色，中空。

微观特征：孢子（9.0 ～ 11）μm×（6.0 ～ 7.0）μm，宽椭圆形，光滑，无色。

生境：夏、秋季簇生于阔叶树腐木上。

分布：亚洲、欧洲和北美洲。

食药用价值：食用价值不大，据报道有抗癌作用。

蘑菇目 Agaricales　小菇科 Mycenaceae

皮尔森小菇
Mycena pearsoniana Dennis ex Singer

宏观特征：菌盖宽 0.5～2 cm，半球形至钟形，淡枣褐色或黄褐色，边缘同色或更淡，表面有透明的条纹。菌褶稍下延，粉灰色至褐色。菌柄长 2.5～6.5 cm，粗 0.1～0.3 cm，近圆柱形，上下等粗，淡紫色至浅褐色，易碎，平滑或被细小绒毛。

微观特征：孢子（6.0～7.0）μm×（3.5～4.5）μm，椭圆形，光滑，无色。

生境：夏、秋季单生或群生于针阔混交林或落叶阔叶林下。

分布：亚洲、欧洲、南美洲和北美洲。

食药用价值：尚不明确。

蘑菇目 Agaricales 小菇科 Mycenaceae
洁小菇
Mycena pura (Pers.) P. Kumm

宏观特征：菌盖宽2～6 cm，凸镜形至钟形，幼时通常淡紫色至紫色，后期渐渐褪色发白，边缘具条纹。菌肉白色或者淡灰色，有一些萝卜味。菌褶直生，较密，淡紫色。菌柄长3～7 cm，粗0.2～0.6 cm，同菌盖色或稍淡，空心，基部往往具绒毛。

微观特征：孢子（6.0～10）μm×（3.0～4.0）μm，长椭圆形，光滑，无色。

生境：夏、秋季丛生或群生于针叶林或针阔混交林地上。

分布：世界广泛分布。

食药用价值：可食用。

蘑菇目 Agaricales　类脐菇科 Omphalotaceae

近裸微皮伞
Collybiopsis subnuda (Ellis ex Peck) R.H. Petersen

宏观特征： 菌盖宽 1 ～ 5 cm，幼时凸起，边缘内卷，后变得宽凸、平或浅凹，肉桂棕色至深棕色或红棕色，褪色至粉褐色。菌肉薄，白色至褐色。菌褶离生，白色至粉黄色。菌柄长 2 ～ 7 cm，粗 0.2 ～ 0.3 cm，近圆柱形，表面浅黄色，变暗至棕色，中下部有白色绒毛。

微观特征： 孢子（8.0 ～ 11）μm×（3.5 ～ 4.5）μm，椭圆形，光滑，无色。

生境： 晚春或秋季单生或群生于阔叶林落叶层中。

分布： 亚洲和北美洲。

食药用价值： 尚不明确。

蘑菇目 Agaricales　类脐菇科 Omphalotaceae
中华多褶裸脚伞
Gymnopus sinopolyphyllus J.P. Li, Chang Tian Li & Yu Li

宏观特征： 菌盖宽 1.5 ～ 3.5 cm，凸起至平凸，菌盖中部稍微突出，近红橙色，边缘橙白色，平滑。菌褶离生，密集，白色。菌柄长 3 ～ 6 cm，粗 0.3 ～ 0.6 cm，中空，近圆柱形，基部近棒形，有白色粉末状绒毛，光滑，白色到橙白色，基部有白色菌丝。

微观特征： 孢子（4.5 ～ 7.0）μm×（2.5 ～ 4.0）μm，椭圆形至长椭圆形，光滑，无色。

生境： 夏、秋季单生或群生于阔叶林枯落层中。

分布： 亚洲。

食药用价值： 尚不明确。

蘑菇目 Agaricales　类脐菇科 Omphalotaceae

厌裸柄伞
Gymnopus impudicus (Fr.) Antonín, Halling & Noordel

宏观特征： 菌盖宽 3～4.5 cm，中央凸起，深褐色，边缘发白，表面光滑，不黏。菌褶离生，稀疏，白色至灰白色。菌肉较薄，味道较淡。菌柄长 3～4.5 cm，粗 0.5～0.7 cm，圆柱形，黑褐色至棕褐色，从上到下颜色加深。

微观特征： 孢子（5.0～6.0）μm×（3.0～3.5）μm，杏仁形，光滑，无色。

生境： 夏、秋季群生于针叶林地上。

分布： 亚洲、欧洲和北美洲。

食药用价值： 尚不明确。

蘑菇目 Agaricales 类脐菇科 Omphalotaceae

纯白微皮伞
Marasmiellus candidus (Fr.) Singer

宏观特征：菌盖宽 0.5 ～ 3 cm，扁平、钟形、凸镜形至平展，中央微凹，白色至灰白色，有绒毛，边缘有条纹或沟条纹。菌肉极薄，白色，无味道。菌褶直生至短延生，稀，白色，稍有分枝和横脉。菌柄长 0.3 ～ 2 cm，粗 0.2 ～ 0.4 cm，圆柱形，白色，下部色暗，后变暗灰褐色。

微观特征：孢子（12 ～ 18）μm×（4.0 ～ 6.0）μm，长椭圆形，光滑，无色。

生境：夏、秋季群生或丛生于阔叶树的腐木或枯枝上。

分布：亚洲、欧洲和北美洲。

食药用价值：胃肠炎型、呼吸循环衰竭型、神经精神型毒蘑菇。

蘑菇目 Agaricales　类脐菇科 Omphalotaceae

斑盖红金钱菌
Rhodocollybia maculata (Alb. & Schwein.) Singer

宏观特征：菌盖宽 2 ～ 6.5 cm，表面平展至稍凸，淡褐色，边缘内卷。菌肉白色。菌褶直生或离生，密集，灰白色，不等长。菌柄长 5 ～ 7 cm，粗 0.5 ～ 1.0 cm，圆柱形，白色，上下等粗。

微观特征：孢子（4.0 ～ 6.0）μm×（4.0 ～ 5.0）μm，宽椭圆形至近球形，光滑，无色。

生境：夏、秋季单生或群生于阔叶树及针阔混交林枯木或地上。

分布：亚洲、欧洲和北美洲。

食药用价值：可食用。

蘑菇目 Agaricales 泡头菌科 Physalacriaceae

北方密环菌
Armillaria borealis Marxm. & Korhonen

宏观特征： 菌盖宽 2～8 cm，初凸形，后变平，橙棕色，有时带有橄榄色，中心区域为深棕色，表面覆盖着棕色的尖的小鳞片。菌肉白色。菌褶直生或稍下延，密集，奶油色至略带橙色。菌柄长 5～8 cm，粗 1～1.5 cm，淡黄褐色。

微观特征： 孢子（7.5～10）μm×（5.0～7.0）μm，椭圆形，光滑，无色。

生境： 夏、秋季群生于阔叶树或针叶树下，偶尔也见于枯死的树桩上。

分布： 亚洲和欧洲。

食药用价值： 食用菌。

蘑菇目 Agaricales 泡头菌科 Physalacriaceae

粗柄密环菌
Armillaria cepistipes Velen.

宏观特征：菌盖宽4～15 cm，半球形至扁平，浅黄褐色或红褐色，中央色深，形成宽的环带，幼时有暗褐色鳞片，老后边缘上翘并有条纹，表面湿时水浸状，有细小纤毛或老后变光滑。菌肉污白色或变深。菌褶直生或延生，稍密，污白色或出现褐色斑。菌柄长5～12 cm，粗0.5～1.3 cm。上部污白色，下部色深，有白色或浅黄色鳞片，向下渐粗，基部膨大明显。菌环呈污白色或带黄色丝膜状，后期仅留痕迹，有时盖缘留有残迹。

微观特征：孢子（7.5～9.5）μm×（5.0～7.5）μm，宽椭圆形，光滑，无色。

生境：夏、秋季群生或丛生于针叶林或针阔混交林地上或腐木上。

分布：亚洲、欧洲和北美洲。

食药用价值：食用菌。

蘑菇目 Agaricales 泡头菌科 Physalacriaceae

高卢蜜环菌
Armillaria gallica Marxm. & Romagn.

宏观特征： 菌盖宽 2.5 ～ 7.5 cm，锥形、凸镜形至平展，棕黄色至棕色，表面有细纤维毛。菌肉较厚，棕色。菌褶直生或稍延生，初为白色，后为奶油色至浅橙色，并有锈色斑点。菌柄长 4 ～ 10 cm，粗 1.2 ～ 2.7 cm，菌柄中上部有菌环，菌环上部菌柄为浅橙色至棕色，菌环下部菌柄为白色至浅粉色，基部为灰棕色。

微观特征： 孢子（7.0 ～ 8.5）μm×（5.0 ～ 6.0）μm，椭圆形，光滑，无色至淡黄色。

生境： 夏、秋季单生、群生或丛生于阔叶林地上。

分布： 亚洲、欧洲和北美洲。

食药用价值： 可食，味道微辛辣，建议蒸煮后再吃。

蘑菇目 Agaricales　泡头菌科 Physalacriaceae

易逝无环蜜环菌
Desarmillaria tabescens (Scop.) R.A. Koch & Aime

宏观特征： 菌盖宽 2.5～8.5 cm，幼时半球形，后渐平展，中央黄褐色，边缘色淡。菌肉白色或带乳黄色。菌褶近延生，稍稀，白色至污白色，或稍带暗肉粉色。菌柄长 2～13 cm，粗 0.3～0.9 cm，上部污白色，中部以下灰褐色至黑褐色，有时扭曲，具平伏丝状纤毛，内部松软变至空心，无菌环。孢子印近白色。

微观特征： 孢子（7.5～10）μm×（5.5～7.5）μm，宽椭圆形至近卵圆形，光滑，无色。

生境： 夏、秋季丛生于阔叶树干基部或根部。

分布： 欧洲、非洲和北美洲。

食药用价值： 胃肠炎型毒蘑菇。

蘑菇目 Agaricales　泡头菌科 Physalacriaceae

干草冬菇
Flammulina fennae Bas

宏观特征： 菌盖宽 2 ～ 4 cm，凸镜形，浅赭黄色，表面光滑，稍黏，边缘隐约透明。菌褶弯生，薄，白色。菌柄长 4 ～ 8 cm，粗 0.3 ～ 0.5 cm，近圆柱形，红棕色至棕褐色。

微观特征： 孢子（6.0 ～ 7.5）μm×（3.5 ～ 4.5）μm，椭圆形至长椭圆形，光滑，无色。

生境： 夏、秋季单生或群生于阔叶树干基部或地上。

分布： 亚洲、欧洲和北美洲。

食药用价值： 食用菌。

蘑菇目 Agaricales　侧耳科 Pleurotaceae

肺形侧耳
Pleurotus pulmonarius (Fr.) Quél.

宏观特征： 菌盖宽 4～10cm，扁半球形至平展，倒卵形至肾形或近扇形，白色、灰白色至灰黄色，表面光滑，边缘平滑或稍呈波状。菌肉白色，近基部稍厚。菌褶延生，白色。菌柄短，白色，有绒毛，后期近光滑，内部实心至松软。

微观特征： 孢子（8.0～10.5）μm×（3.0～5.0）μm，近圆柱形，光滑，无色。

生境： 夏、秋季丛生于阔叶树倒木、枯木或木桩上。

分布： 亚洲、欧洲、南美洲、北美洲和大洋洲。

食药用价值： 食用菌。

蘑菇目 Agaricales　光柄菇科 Pluteaceae

本乡光柄菇
Pluteus hongoi Singer

宏观特征：菌盖宽 4～7.5 cm，伞形，平展至中间凸起，灰色至暗灰色，中央灰褐色至深褐色，表面有鳞片，干燥，边缘皱至稍内折。菌肉白色，菌褶离生，密集，粉红色，边缘波状。菌柄长 6～10 cm，粗 0.3～0.5 cm，中生，近圆柱形，向基部膨大，白色，中下部有白色绒毛，中实。

微观特征：孢子（6.0～7.5）μm×（5.0～6.5）μm，宽椭圆形至椭圆形，光滑，淡粉色。

生境：夏、秋季单生于阔叶林腐木上。

分布：亚洲、欧洲和北美洲。

食药用价值：尚不明确。

蘑菇目 Agaricales　光柄菇科 Pluteaceae

波扎里光柄菇
Pluteus pouzarianus Singer

宏观特征：菌盖宽 5 ～ 9.5 cm，平展至中凸，中央有一个宽的、钝的凸起，灰色至灰棕色，中央深褐色至黑色，从中央向边缘有放射状的纤维，边缘微皱。菌肉白色，菌褶离生，密集，淡粉色，腹鼓状。菌柄长 4 ～ 11 cm，粗 0.3 ～ 0.8 cm，圆柱形，白色，基部略膨大，表面有灰褐色的纵向纤维，实心。

微观特征：孢子（6.0 ～ 9.0）μm×（4.0 ～ 5.5）μm，椭圆形至长椭圆形，壁稍厚，光滑，淡粉色。

生境：夏、秋季单生或群生于针叶林腐木上。

分布：亚洲、欧洲和北美洲。

食药用价值：尚不明确。

蘑菇目 Agaricales　光柄菇科 Pluteaceae

罗梅尔光柄菇
Pluteus romellii (Britzelm.) Lapl.

宏观特征： 菌盖宽 1 ～ 4 cm，起初中央凸起，后慢慢变宽或平坦，通常中央凸起，不黏，但是具有蜡质材质，有点褶皱。菌褶离生，密，乳白色至浅黄色，易碎。菌柄长 3 ～ 8 cm，粗 0.1 ～ 0.4 cm，新鲜时带绿色或者发黄。

微观特征： 孢子（6.0 ～ 7.5）μm×（5.5 ～ 6.5）μm，宽椭圆形或近球形，光滑，无色至淡粉色。

生境： 夏、秋季群生于阔叶林或针阔混交林腐木上。

分布： 亚洲、欧洲和北美洲。

食药用价值： 可食用。

蘑菇目 Agaricales　光柄菇科 Pluteaceae

柳光柄菇
Pluteus salicinus (Pers.) P. Kumm.

宏观特征：菌盖宽 2～8 cm，表面较凸，银灰色至棕灰色，光滑，中心附近有灰色小鳞片，湿润时略带半透明的条纹。菌肉较薄至中等厚度，灰白色。菌褶离生，白色至肉粉色。菌柄长 3～10 cm，粗 0.2～0.6 cm，向基部渐粗或等粗，肉色，带有灰绿色或蓝绿色，基部明显蓝绿色。

微观特征：孢子（7.0～8.5）μm×（5.0～6.0）μm，卵形，光滑，浅粉棕色。

生境：夏、秋季单生或群生于阔叶林腐木上。

分布：亚洲、欧洲和北美洲。

食药用价值：可食用，但味道稍差。

蘑菇目 Agaricales　光柄菇科 Pluteaceae

网盖光柄菇
Pluteus thomsonii (Berk. & Broome) Dennis

宏观特征：菌盖宽2～3.5 cm，平展至中凸，中央有一个宽的、较高的凸起，深褐色至黑色，具有放射状皱纹，类网状隆起，向边缘延伸，边缘栗色至白色，有短条纹，有白色绒毛。菌肉白色。菌褶离生，密集，淡粉色。菌柄长2.5～4.5 cm，粗0.2～0.5 cm，近圆柱形，向下逐渐变粗，白色至灰白色，具有纵向纤维状银色条纹，中空，基部有白色绒毛。

微观特征：孢子（5.5～8.5）μm×（5.0～6.5）μm，宽椭圆形至椭圆形，光滑，壁稍厚，近无色。

生境：夏、秋季单生或群生于阔叶林腐木上。

分布：亚洲、欧洲和北美洲。

食药用价值：尚不明确。

蘑菇目 Agaricales 光柄菇科 Pluteaceae

黏盖草菇
***Volvopluteus gloiocephalus* (DC.) Vizzini, Contu & Justo**

宏观特征： 菌盖宽 4～15 cm，平展，中部稍凹陷或乳突，黏，白色至灰褐色至略带粉色，边缘平滑或具条纹。菌肉白色至污白色。菌褶离生，密集，腹鼓状，粉红色至粉肉色。菌柄长 7～15 cm，粗 0.5～1.5 cm，近圆柱形，向下渐粗，基部膨大，白色或近盖色，表面光滑或具细小纤毛，内部实心至松软。菌托囊状或近苞状，白色或灰白色或近似盖色，易损坏。

微观特征： 孢子（12～18）μm×（7.0～10）μm，宽椭圆形至椭圆形，光滑，浅粉红色。

生境： 夏、秋季单生或群生于阔叶林草地上。

分布： 亚洲、欧洲和北美洲。

食药用价值： 胃肠炎型和神经精神型毒蘑菇。

蘑菇目 Agaricales　光柄菇科 Pluteaceae

白毛小包脚菇
Volvariella hypopithys (Fr.) Shaffer

宏观特征：菌盖宽 2 ～ 3.5 cm，钟形，或平展，中央稍凸，表面具明显放射状银白色绒毛，成熟后变光滑。菌褶离生，较密集，成熟时呈棕粉色。菌柄长 3 ～ 5 cm，粗 0.2 ～ 0.4 cm，近圆柱形或棍棒形，颜色同菌盖，基部稍粗，实心，表面具白色小绒毛。菌托白色，浅囊状，易碎裂。气味和味道不明显。

微观特征：孢子（7.0 ～ 8.0）μm×（4.5 ～ 6.0）μm，椭圆形至卵形，光滑，无色至微黄色。

生境：夏、秋季单生或群生于针阔混交林地上。

分布：亚洲、欧洲和北美洲。

食药用价值：尚不明确。

蘑菇目 Agaricales　光柄菇科 Pluteaceae
灰小包脚菇
Volvariella murinella (Quél.) M.M. Moser ex Dennis, P.D. Orton & Hora

宏观特征：菌盖宽 2 ～ 3.5 cm，钝圆锥形至凸镜形，白色至灰白色，中部稍微突出，表面具有辐射状灰色纤毛，边缘完整。菌肉薄，白色。菌褶离生，稀疏，淡粉色，边缘完整或略有锯齿状。菌柄长 3.5 ～ 6 cm，粗 0.3 ～ 0.4 cm，近圆柱形，基部近棒状，白色，表面光滑或具有纵向纤毛。菌托膜质，白色至淡灰色，开裂成 2 ～ 3 瓣。

微观特征：孢子（6.0 ～ 8.0）μm×（4.0 ～ 5.0）μm，不规则椭圆形或卵圆形，光滑，淡黄褐色。

生境：夏、秋季单生或群生于阔叶林枯枝、落叶层中。

分布：亚洲和欧洲。

食药用价值：尚不明确，味道辛辣至略苦。

蘑菇目 Agaricales　小脆柄菇科 Psathyrellaceae

黄盖黄白脆柄菇
Candolleomyces candolleanus (Fr.) D. Wächt. & A. Melzer

宏观特征： 菌盖宽 2～6 cm，初期钟形，后伸展常呈斗笠状，水浸状，初期浅蜜黄色至褐色，干时褪为污白色，往往顶部黄褐色，初期微粗糙，干时有皱。菌肉白色，较薄，味温和。菌褶近离生，污白、灰白至褐紫灰色。菌柄长 4～6 cm，粗 0.2～0.5 cm，圆柱形，有时弯曲，黄白色，上下等粗，中空。

微观特征： 孢子（6.5～9.0）μm×（3.5～5.0）μm，椭圆形，光滑，黄褐色。

生境： 夏、秋季生于林中地上、田野、路旁等。

分布： 亚洲、欧洲和北美洲。

食药用价值： 可食。虽菌肉薄，但往往野生量大，便于采集食用，以新鲜时食用为宜。

蘑菇目 Agaricales 小脆柄菇科 Psathyrellaceae

白小鬼伞
***Coprinellus disseminatus* (Pers.) J.E. Lange**

宏观特征：菌盖宽 1 cm 左右，初期卵形、钟形，稍后平展，中央黄色。菌肉薄，白色。菌褶离生，较稀，初期白色，渐灰色，老熟黑色，不液化。菌柄长 2～3 cm，粗 0.1～0.2 cm，圆柱形，常弯曲，白色，中空，基部有白色绒毛。

微观特征：孢子（6.0～10）μm×（4.0～5.0）μm，椭圆形，光滑，黑褐色。

生境：春至秋季群生或丛生于林地上，腐朽的倒木、树桩、树根上。

分布：亚洲、北美洲和大洋洲。

食药用价值：尚不明确。

蘑菇目 Agaricales　小脆柄菇科 Psathyrellaceae

晶粒小鬼伞
Coprinellus micaceus (Bull.) Vilgalys, Hopple & Jacq.

宏观特征：菌盖宽 2～4 cm，钟形，后平展，污黄色至黄褐色，中央颜色较深，红褐色，表面有白色颗粒状晶体和明显条纹。菌肉薄，白色。菌褶离生，初期为黄白色，后变黑色。菌柄长 2～11 cm，粗 0.3～0.5 cm，圆柱形，白色，中空，上下等粗。

微观特征：孢子（7.0～10）μm×（5.0～6.0）μm，卵圆形至椭圆形，光滑，黑褐色。

生境：夏、秋季单生或丛生于阔叶林树基部。

分布：亚洲、欧洲、非洲、北美洲和大洋洲。

食药用价值：胃肠炎型、神经精神型毒蘑菇。

蘑菇目 Agaricales 小脆柄菇科 Psathyrellaceae

辐毛小鬼伞
***Coprinellus radians* (Desm.) Vilgalys, Hopple & Jacq. Johnson**

宏观特征： 菌盖宽 2.5 ～ 4 cm，初期卵圆形后呈钟形至展开，表面黄褐色，中部色深且边缘色浅黄，具浅黄褐色粒状鳞片，在顶部较密布，有辐射状长条棱。菌肉很薄，白色，表皮下及柄基部带褐黄色。菌褶直生，密，白色至黑紫色，自溶为墨汁状。菌柄较细，长 2 ～ 5 cm，粗 0.4 ～ 0.7 cm，圆柱形或基部稍有膨大，白色，表面在初期常有白色细粉末。柄基部的基物上往往出现放射状分枝呈毛状的黄褐色菌丝块。

微观特征： 孢子（6.5 ～ 8.5）μm×（3.5 ～ 5.0）μm，椭圆形，光滑，黑褐色，有芽孔。

生境： 夏、秋季丛生于林中腐木或树桩上。

分布： 亚洲、欧洲和北美洲。

食药用价值： 幼嫩时可食用，但不能与酒同吃。

蘑菇目 Agaricales 小脆柄菇科 Psathyrellaceae

甜味小鬼伞
***Coprinellus saccharinus* (Romagn.) P. Roux, Guy García & Dumas**

宏观特征：菌盖宽 1.5 ~ 3 cm，圆锥形或钟形，中央深褐色，后逐渐变灰至黑色。表面具有条纹至顶部，初期具白色颗粒状鳞片，易脱落，成熟后边缘易开裂，黄褐色。菌肉薄，白色。菌褶极密，初期白色，逐渐变红褐色，自溶黑化。菌柄长 5 ~ 10 cm，粗 0.2 ~ 0.4 cm，圆柱形，米白色，中空，基部偶具菌托状脊状隆起，脆。

微观特征：孢子（8.0 ~ 10）μm×（4.5 ~ 6.0）μm，椭圆形，光滑，红褐色，有芽孔。

生境：春、秋季群生或簇生于枯木、树桩或周围地上。

分布：亚洲和欧洲。

食药用价值：尚不明确。

蘑菇目 Agaricales　小脆柄菇科 Psathyrellaceae

墨汁拟鬼伞
Coprinopsis atramentaria (Bull.) Redhead, Vilgalys & Moncalvo

宏观特征： 菌盖宽 3 ～ 5 cm，钟形至卵形，开伞时液化，流墨汁状汁液，有灰褐色鳞片，边缘灰白色具有条沟棱，似花瓣状。菌褶离生，致密，幼时颜色为浅灰色至粉色，成熟后变为黑色汁液。菌肉初期白色，后变为灰白色。菌柄 长 5 ～ 12 cm， 粗 0.5 ～ 1.2 cm，向下渐粗，近白色，内部中空。

微观特征： 孢子（8.5 ～ 10.5）μm×（5.0 ～ 6.5）μm，椭圆形，光滑，棕褐色，有芽孔。

生境： 春至秋季丛生于阔叶林地上。

分布： 世界广泛分布。

食药用价值： 可食用，但也有人食后中毒，尤其与啤酒等酒类同饮可引起中毒。

蘑菇目 Agaricales 小脆柄菇科 Psathyrellaceae

金毛近地伞
***Parasola auricoma* (Pat.) Redhead, Vilgalys & Hopple**

宏观特征：菌盖宽 1～6 cm，卵圆形、圆锥形、半球形至钟形，从边缘到中心逐渐形成深槽，橙棕色至灰色。菌褶稀疏，白色至深灰色最后变为黑色。菌肉白色至灰色。菌柄长 3.5～12 cm，粗 0.2～0.3 cm，上下等粗，白色至黄色，中空、细软。

微观特征：孢子（10～16）μm×（6.0～9.0）μm，椭圆形，深棕色，有芽孔。

生境：夏、秋季单生或群生于阔叶林地上。

分布：世界广泛分布。

食药用价值：尚不明确。

蘑菇目 Agaricales　小脆柄菇科 Psathyrellaceae

锥盖近地伞
Parasola conopilus (Fr) Orstadius & E.Larss.

宏观特征： 菌盖宽 2 ～ 5 cm，圆锥形，光滑，栗褐色，雨后红棕色，后逐渐变成琥珀褐色，潮湿时边缘有纵条纹。菌肉很薄，浅粉褐色。菌褶直生，较密，灰白色略带桃红色，后期变为深紫褐色。菌柄长 4 ～ 10 cm，粗 0.2 ～ 0.4 cm，圆柱形，上下近等粗，基部略膨胀，光滑，白色，有光泽。

微观特征： 孢子（12 ～ 16）μm×（6.0 ～ 9.0）μm，椭圆形，光滑，栗褐色，芽孔明显。

生境： 秋季群生或簇生于阔叶林地上或枯木上。

分布： 亚洲、欧洲、北美洲和大洋洲。

食药用价值： 尚不明确。

蘑菇目 Agaricales 假杯伞科 Pseudoclitocybaceae

大把子杯桩菇
Clitopaxillus dabazi L. Fan & H. Liu

宏观特征： 菌盖宽 5～25 cm，初期半球形至扁半球形，边缘内卷，后直径渐渐增大并平展，老熟后或多或少上翻，中部平或稍下凹，光滑，无毛，边缘整齐，无条纹，干燥，灰白色、浅灰褐色或土黄褐色。菌褶直生，较密，灰白色、灰浅土褐色。菌柄长 4～15 cm，粗 1～4 cm，幼时基部明显膨大呈棒形或瓶形，后上部渐渐变粗，成熟后呈棒形或圆柱形，与菌盖同色或灰白色，中实但稍疏松，表面平滑或有不明显的纤毛状鳞片，近基部常呈水渍状。

微观特征： 孢子（5.5～7.0）μm×（3.0～4.5）μm，椭圆形，光滑，无色，通常含有一个中央大油滴。

生境： 秋季单生或群生于云杉和落叶松为建群种的林下草地上，常形成蘑菇圈。

分布： 亚洲。

食药用价值： 食用菌，味道鲜美。

蘑菇目 Agaricales 裂褶菌科 Schizophyllaceae

裂褶菌
Schizophyllum commune Fr.

宏观特征：子实体小型，群生，多呈覆瓦状。菌盖宽 0.5 ～ 4.5 cm，扇形或肾形，白色至灰白色，上有绒毛或粗毛，具多数裂瓣。菌肉薄，白色。菌褶窄，从基部辐射状生出，白色或灰白色，有时肉质至淡紫色，沿边缘纵裂而反卷。柄短或无。

微观特征：孢子（6.5 ～ 8.5）μm×（2.5 ～ 3.5）μm，杆形至长椭圆形，无色。

生境：春、秋季散生或群生于阔叶树活立木或针阔林枯木、倒木上。

分布：世界广泛分布。

食药用价值：药用，有清肝明目、滋补强身的功效。

蘑菇目 Agaricales 球盖菇科 Strophariaceae
烟色垂幕菇
***Hypholoma capnoides* (Fr.) P. Kumm.**

宏观特征： 菌盖宽 2～6 cm，钟形至平凸，黄褐色至橙棕色或肉桂棕色，边缘稍弯，成熟时呈放射状分裂。菌肉白色至黄色。菌褶离生，密集，最初呈白色至黄色，变为灰色，最后呈烟熏褐色。菌柄长 3～8 cm，粗 0.3～1 cm，近圆柱形，基部稍粗，颜色同菌盖。

微观特征： 孢子（6.0～9.0）μm×（3.0～4.5）μm，椭圆形，壁厚，光滑，浅黄褐色，有芽孔。

生境： 秋季单生或群生于针叶树腐木上或其附近。

分布： 亚洲、欧洲和北美洲。

食药用价值： 据说有些地方采食，食毒不明。

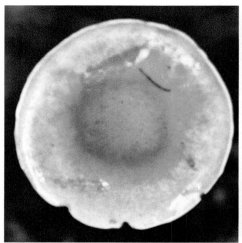

蘑菇目 Agaricales　球盖菇科 Strophariaceae

库恩菇
Kuehneromyces mutabilis (Schaeff.) Singer & A.H. Sm.

宏观特征： 菌盖宽 2～5 cm，幼时半球形，渐平展，黄褐色至棕橙色，表面黏，且有微白色至淡黄色的放射状纤维。菌肉较薄，白色。菌褶直生，棕褐色。菌柄长 5～9 cm，粗 0.7～1 cm，浅棕色，向基部渐细，靠近菌盖的部分光滑，覆盖着小的白色或褐色的鳞片。菌环白色，上位，边缘为棕红色，最终整体变为棕红色或仅具有环形带，从白色逐渐变成褐色。

微观特征： 孢子（6.0～8.0）μm×（4.0～5.0）μm，椭圆形，光滑，淡锈色。

生境： 夏、秋季丛生于阔叶树木桩或倒木上。

分布： 亚洲、欧洲和北美洲。

食药用价值： 可食用并能人工栽培，也曾记载有毒。

蘑菇目 Agaricales　球盖菇科 Strophariaceae

多脂鳞伞
Pholiota adiposa (Batsch) P. Kumm.

宏观特征：菌盖宽 5 ~ 12 cm，初期扁半球形，后期平展，中部稍凸起，表面新鲜时浅黄色至黄褐色，干后变为金黄色至黄褐色，湿时黏质，覆有一层无色黏液，被褐色、三角形鳞片，鳞片平伏并反卷，在菌盖中央厚密，向边缘逐渐稀疏，后渐呈溶解状态。菌盖边缘初时内卷，常挂有纤毛状菌幕残片，锐，干后内卷。菌肉厚，致密，淡黄色。菌褶通常延生，新鲜时黄色至锈黄色，干后变为深褐色。菌柄纤维质，中实，后期中空，黏至胶黏，等粗或向下稍细，下部常弯曲，与盖面近同色，基部色较深，菌环以下具与盖面相同的鳞片。菌柄长 5 ~ 13 cm，粗 1 ~ 2 cm。菌环淡黄色，膜质，上位，易脱落。

微观特征：孢子（7.5 ~ 10.5）μm×（5.0 ~ 6.0）μm，椭圆形至长椭圆形，光滑，淡黄色。

生境：夏、秋季单生或丛生于杨、柳等多种阔叶树的活立木、倒木或腐朽木上。

分布：亚洲、欧洲、非洲、北美洲和大洋洲。

食药用价值：食用菌。

蘑菇目 Agaricales　球盖菇科 Strophariaceae

柠檬鳞伞
Pholiota limonella (Peck) Sacc.

宏观特征： 菌盖宽2.5～5 cm，凸镜形或近平展，有时具中突，柠檬黄色，具散生的浅红色或黄褐色鳞片，黏。菌肉薄，黄色。菌褶直生至稍弯生，密，近白色，渐变为铁锈色。菌柄长3～7 cm，粗0.3～0.5 cm，灰白色或浅黄色，具散生反卷的黄色鳞片，上下等粗。菌幕形成丛毛状易消失的黄色菌环。

微观特征： 孢子（6.5～8.0）μm×（4.5～5.0）μm，卵圆形至椭圆形，光滑，黄褐色至赭黄褐色，芽孔明显，顶端稍平截。

生境： 夏、秋季生于阔叶树树干或腐木上。

分布： 亚洲、欧洲和北美洲。

食药用价值： 尚不明确。

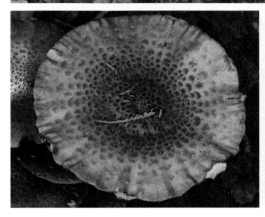

蘑菇目 Agaricales　球盖菇科 Strophariaceae
偏孢孔原球盖菇
Protostropharia dorsipora (Esteve-Rav. & Barrasa) Redhead

宏观特征：菌盖宽 1～3 cm，半球形至稍平展，中央微微凸起，暗黄色至黄褐色，表面黏。菌肉白色至浅白色。菌褶弯生至直生，向下呈现弧形凸起，灰色。菌柄长 3～8 cm，粗 0.2～0.4 cm，圆柱形，白色至浅黄色，表面具有绒毛，中空。

微观特征：孢子（15～21）μm×（8.0～11）μm，宽椭圆形，光滑，暗黄色。

生境：夏、秋季生长于林地上或粪便上。

分布：亚洲和欧洲。

食药用价值：尚不明确。

蘑菇目 Agaricales　球盖菇科 Strophariaceae

木生球盖菇
Stropharia lignicola E.J. Tian

宏观特征：菌盖宽 3～5.5 cm，半球形至凸镜形，渐平展至宽凸镜形，边缘内卷，肉桂色至浅黄褐色，表面黏，附着浅黄褐色平伏斑点状鳞片，或者有时具有稍反卷至鳞屑状白色鳞片，边缘初期具有黄白色菌幕残片。菌肉肉质，近白色，味道和气味温和。菌褶直生，密，浅黄褐色。菌柄长 3～5 cm，粗 1～1.5 cm，上下等粗或基部稍膨大，白色，向基部表面附着反卷的浅黄色鳞片，中空，基部具有白色菌丝体和发育良好的菌索。内菌幕形成一个浅黄色膜质菌环，有时易消失。

微观特征：孢子（5.0～6.0）μm×（3.0～5.0）μm，正面椭圆形至近卵圆形，侧面不等边形，光滑，浅赭色。

生境：秋季群生至簇生于阔叶林中腐木或地上。

分布：亚洲。

食药用价值：尚不明确。

蘑菇目 Agaricales　球盖菇科 Strophariaceae

杨生球盖菇
***Stropharia populicola* L. Fan, S. Guo & H. Liu**

宏观特征：幼时菌盖宽 2.5 ～
4 cm，成熟时 5 ～ 12 cm，最初为
半球形，无脐，后变得凸起到平
展，轻微凹陷，表面灰棕色或黄
棕色至淡黄色，干燥，不黏，被
棕色鳞片覆盖，边缘通常有部分
菌幕残留。菌肉白色。菌褶直生
或延生，较密，灰紫色。菌柄中
生，长 4 ～ 10 cm，粗 1.2 ～ 2 cm，
圆柱形，上下等粗或呈棍棒形，
表面白色，覆盖着密集或分散的
原纤维鳞片。菌环白色，膜质，
上位，有时脱落。

微观特征：孢子（5.5 ～ 7.5）μm×
（3.5 ～ 5.0）μm，椭圆形、不规则
椭圆形或正面略菱形，光滑，棕色。

生境：夏、秋季生长于杨树林
地上。

分布：亚洲、欧洲、北美洲和大
洋洲。

食药用价值：尚不明确。

蘑菇目 Agaricales　口蘑科 Tricholomataceae

三色白桩菇
Leucopaxillus tricolor (Peck) Kühner

宏观特征： 菌盖宽 4 ～ 11 cm，幼时白色，半球形，后平展，棕褐色至暗褐色，表面干燥。菌肉较厚，白色。菌褶离生，淡黄色。菌柄长 3 ～ 6 cm，粗 2 ～ 4 cm，白色，光滑，上下等粗或基部稍粗，基部具有丰富的白色菌丝体。

微观特征： 孢子（6.0 ～ 8.0）μm×（4.0 ～ 4.5）μm，椭圆形，光滑，无色。

生境： 秋季单生或群生于针叶林中地上。

分布： 亚洲、欧洲、北美洲和大洋洲。

食药用价值： 食用菌。

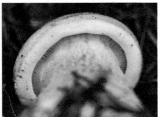

蘑菇目 Agaricales　口蘑科 Tricholomataceae

保氏口蘑
Tricholoma bonii Basso & Candusso

宏观特征：菌盖宽 1.5 ~ 4 cm，初期为钟形，后突出至扁平，通常为伞形，菌盖中心为深褐色，边缘颜色较浅，表面有绒毛状鳞片，通常呈现大理石花纹。菌肉白色至浅灰色。菌褶直生，较密，灰色。菌柄长 2 ~ 5.5 cm，粗 0.3 ~ 0.7 cm，基部为白色，中空。

微观特征：孢子（6.0 ~ 11.5）μm×（3.5 ~ 5.5）μm，近圆柱形，光滑，无色。

生境：夏、秋季生于针叶林地上，与多种树木形成菌根。

分布：亚洲、欧洲和北美洲。

食药用价值：食用菌。

蘑菇目 Agaricales　口蘑科 Tricholomataceae

油口蘑
Tricholoma equestre (L.) P. Kumm.

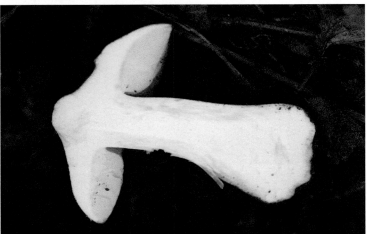

宏观特征：菌盖宽 4 ～ 10 cm，初期扁半球形，后平展，顶部稍凸起，淡黄色至柠檬黄色，具褐色鳞片，稍黏，边缘平滑。菌柄长 3 ～ 8 cm，粗 0.8 ～ 2 cm，圆柱形，淡黄色，内实至松软，具纤毛状小鳞片，基部稍膨大，菌褶弯生，稍密，与菌盖同色，边缘锯齿状。菌肉白色至淡黄色。

微观特征：孢子（6.0 ～ 7.5）μm×（4.0 ～ 5.0）μm，卵圆形至宽椭圆形，光滑，无色。

生境：夏、秋季群生于针阔混交林地上。

分布：亚洲、欧洲、非洲和北美洲。

食药用价值：食用菌。

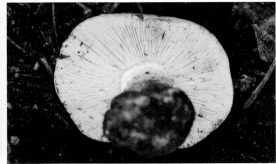

蘑菇目 Agaricales　口蘑科 Tricholomataceae

杨树口蘑
Tricholoma populinum J.E. Lange

宏观特征：菌盖宽 4～12 cm，初期扁半球形，边缘内卷，后平展或呈波状，湿时黏浅红色，向边缘色渐淡。菌肉污白色，伤处变暗，较厚，气味香，菌褶密集，污白色至浅粉肉色，伤处色变暗。菌柄长 3～8 cm，粗 1～3 cm，圆柱形，表面白色，伤处变为红褐色，基部稍膨大，内部实或松软。

微观特征：孢子（5.0～6.0）μm×（3.5～4.5）μm，卵圆形至近球形，光滑，无色。

生境：夏、秋季散生或群生于杨树林地上。

分布：亚洲、欧洲和北美洲。

食药用价值：食用菌。

蘑菇目 Agaricales　口蘑科 Tricholomataceae

棕灰口蘑
***Tricholoma terreum* (Schaeff.) P. Kumm.**

宏观特征：菌盖宽 4 ～ 7.5 cm，刚开始呈现钟形后慢慢平展，表面有鳞毛片，表面灰色至浅棕色，表面有细毛。菌肉白色。菌褶离生，灰白色。菌柄长 3 ～ 5 cm，粗 1 ～ 1.5 cm，圆柱形，比较干燥而且发白。

微观特征：孢子（5.0 ～ 8.0）μm×（3.5 ～ 4.5）μm，椭圆形，光滑，无色。

生境：夏、秋季群生或散生于针叶林或针阔混交林地上。

分布：亚洲、欧洲、非洲、北美洲和大洋洲。

食药用价值：食用菌。

蘑菇目 Agaricales 口蘑科 Tricholomataceae

红鳞口蘑
Tricholoma vaccinum (Schaeff.) P. Kumm.

宏观特征： 菌盖宽 2.5 ～ 8 cm，幼时为钟形，成熟后平展并且中央凸起，土褐色，表面被毛状鳞片所覆盖，干燥且呈现龟裂状。菌肉白色，具有果味和甜味。菌褶弯生，密或稀，白色至污白，受伤变为红褐色。菌柄 4 ～ 8 cm，粗 1 ～ 3 cm，圆柱形或靠近下部膨大，较盖色浅，或菌柄上部颜色比较浅，具纤毛状鳞片，内部松软至空心。

微观特征： 孢子（6.5 ～ 7.5）μm×（4.5 ～ 6.0）μm，椭圆形至近球形，光滑，无色。

生境： 夏、秋季群生于云杉、冷杉等针叶林地上。

分布： 亚洲、欧洲和北美洲。

食药用价值： 可食用。

牛肝菌目 Boletales　牛肝菌科 Boletaceae

毡盖美牛肝菌
Caloboletus panniformis (Taneyama & Har. Takah.) Vizzini

宏观特征： 菌盖宽 5～10 cm，扁平至平展，黄褐色至褐色，有皱纹，湿时胶黏，边缘色较淡。菌肉白色，伤不变色。菌管长达 1.5 cm，幼时白色，成熟后青黄色，伤不变色，老时局部区域有褐色调。孔口表面黄色或褐色，孔口近圆形。菌柄长 12～13 cm，粗 2～3.5 cm，近圆柱形，粗壮，表面褐色至灰褐色，具粗糙的网纹，基部白色，近无网纹。

微观特征： 孢子（13～16）μm×（4.0～5.0）μm，近梭形，光滑，淡黄色。

生境： 夏、秋季单生或群生于阔叶林地上。

分布： 亚洲和欧洲。

食药用价值： 胃肠炎型毒蘑菇。

牛肝菌目 Boletales　牛肝菌科 Boletaceae

褐疣柄牛肝菌
Leccinum scabrum (Bull.) Gray

宏观特征：菌盖宽 3.5～15 cm，为半球形，灰棕色或红棕色。菌肉黄白色。菌管长 1～2.5 cm，白色，较密。孔口表面灰白色，孔口近圆形。菌柄长 4～20 cm，粗 1～3 cm，圆柱形，基部稍膨大，具有褐色疣状鳞片。

微观特征：孢子（14～21）μm×（4.5～5.5）μm，长椭圆形或近纺锤形，光滑，无色至微带黄褐色。

生境：夏、秋季单生于阔叶林地上。

分布：亚洲、欧洲、北美洲和大洋洲。

食药用价值：胃肠炎型毒蘑菇。

牛肝菌目 Boletales　牛肝菌科 Boletaceae

苦粉孢牛肝菌
***Tylopilus felleus* (Bull.) P. Karst.**

宏观特征： 菌盖宽为 3.5 ～ 15.5 cm，初期为半球形，中间突出，后期平展，中间稍突出，浅褐色至灰褐色。菌肉白色，伤不变色。菌管层近凹生，管口间不易分离。孔口表面浅灰褐色，孔口圆形，菌柄长 3.5 ～ 10 cm，粗 1.5 ～ 2 cm，圆柱形，同盖色，较粗壮，基部略膨大，中实。

微观特征： 孢子（5.0 ～ 6.5）μm×（3.5 ～ 5.0）μm，椭圆形至宽椭圆形或卵圆形，光滑，黄褐色。

生境： 夏、秋季单生、散生或群生于针阔混交林地上。

分布： 亚洲、欧洲和北美洲。

食药用价值： 胃肠炎型、神经精神型毒蘑菇。可药用，疏风散热，清热解毒。

牛肝菌目 Boletales 铆钉菇科 Gomphidiaceae

丝状色钉菇
Chroogomphus filiformis Yan C. Li & Zhu L. Yang

宏观特征： 菌盖宽 2 ～ 4 cm，青灰色，钟形，后平展，中央凸起。菌肉较薄，带青色。菌褶延生，乳白色。菌柄长 3 ～ 5 cm， 粗 0.2 ～ 0.5 cm，乳白色至浅褐色，向基部渐粗，基部稍膨大。

微观特征： 孢子（16 ～ 19）μm×（6.0 ～ 7.0）μm，近纺锤形，光滑，黄褐色。

生境： 秋季单生或群生于针叶林地上。

分布： 亚洲。

食药用价值： 可食用。

牛肝菌目 Boletales　桩菇科 Paxillaceae

卷边桩菇
Paxillus involutus (Batsch) Fr.

宏观特征：菌盖宽 5 ～ 15 cm，初期半球形至扁半球形，后渐平展，常中部下凹，边缘内卷。菌盖表面黄褐色至橄榄褐色，湿时稍黏。菌肉较厚，浅黄色。菌褶延生，较密有横脉，近柄处褶间连接成网状，黄绿色至黄褐色，伤后变暗褐色。菌柄长 5 ～ 9 cm，粗 0.5 ～ 1.5 cm。圆柱形，稍偏生，基部稍膨大，中实。

微观特征：孢子（6.5 ～ 10）μm×（5.0 ～ 7.0）μm，椭圆形，光滑，锈褐色。

生境：夏、秋季单生或散生于阔叶林地上。

分布：亚洲、欧洲、南美洲、北美洲和大洋洲。

食药用价值：可食用。药用，是"舒筋散"中药的成分之一。

牛肝菌目 Boletales　乳牛肝菌科 Suillaceae

亚洲小牛肝菌
Boletinus asiaticus Singer

宏观特征：菌盖宽 3 ～ 13 cm，初期扁半球形后期近平展，紫红色或血红色，密被纤毛状平伏和近直立的鳞片。菌肉较厚，黄白色。菌管近延生，黄色至褐黄色，孔口放射状。菌柄长 5 ～ 10 cm，粗 0.8 ～ 1.5 cm，圆柱形，菌环以上黄色，有网，菌环以下同盖色，有小鳞片，基部稍膨大，中实。

微观特征：孢子（10 ～ 12.5）μm×（4.5 ～ 5.5）μm，近纺锤形或长椭圆形，近无色。

生境：夏、秋季单生或群生于云杉、落叶松林地苔藓或腐木桩附近。

分布：亚洲和欧洲。

食药用价值：可食用。

牛肝菌目 Boletales　乳牛肝菌科 Suillaceae

美洲乳牛肝菌
Suillus americanus (Peck) Snell

宏观特征： 菌盖宽为 2 ～ 6 cm，扁半球形，中部有不明显突起，污黄色，边缘常有红褐色鳞片。菌肉米色，伤不变色。菌管稍延生，黄色，伤后缓慢变为淡褐色。菌柄长 4 ～ 7 cm，粗 0.3 ～ 1.0 cm，圆柱形，淡黄色。菌环上位，易消失。

微观特征： 孢子（8.0 ～ 10）μm×（3.5 ～ 4.0）μm，近梭形，光滑，浅黄色。

生境： 夏、秋季散生、群生或丛生于针叶林或针阔混交林地上。

分布： 亚洲、南美洲和北美洲。

食药用价值： 尚不明确。

牛肝菌目 Boletales　乳牛肝菌科 Suillaceae

点柄乳牛肝菌
Suillus granulatus (L.) Roussel

宏观特征： 菌盖宽 5 ～ 10 cm，扁半球形或近扁平，后变为凸镜形，淡黄色或黄褐色，湿时黏，新鲜时橘黄色至褐红色，干后有光泽，变为黄褐色至红褐色，边缘钝或锐，内卷。菌肉新鲜时奶油色，后淡黄色，伤不变色。菌管直生或稍延生，黄白色至黄色，孔口新鲜时浅黄色至黄色，干后变为黄褐色，伤不变色。菌柄长 3 ～ 8 cm，粗 0.8 ～ 1.6 cm，近圆柱形，初期上部浅黄色至黄色，有腺点，中部褐橘黄色，基部浅黄色至黄色。

微观特征： 孢子（7.0 ～ 8.5）μm×（3.0 ～ 3.5）μm，椭圆形，光滑，黄褐色。

生境： 夏、秋季散生、群生或丛生于针叶林或针阔混交林地上。

分布： 世界广泛分布。

食药用价值： 胃肠炎型毒蘑菇。可药用，能抗癌。

牛肝菌目 Boletales　乳牛肝菌科 Suillaceae

褐环乳牛肝菌
Suillus luteus (L.) Roussel

宏观特征：菌盖宽 3～10 cm，扁半球形至扁平，淡褐色、红褐色或深肉桂色，光滑，很黏。菌肉淡白色或稍黄色，厚或较薄，受伤后不变色。菌管米黄色或芥黄色，直生或稍下延，或在菌柄周围有凹陷。菌柄长 3～8 cm，粗 1～2.5 cm，近柱形或在基部稍膨大，草黄色或淡褐色，有散生小腺点，顶端有网纹。菌环薄，膜质，上位。

微观特征：孢子（6.0～10）μm×（2.0～2.5）μm，近纺锤形至长椭圆形，光滑，黄色。

生境：夏、秋季单生或群生于针叶林或针阔混交林地上。

分布：亚洲、欧洲、南美洲、北美洲和大洋洲。

食药用价值：胃肠炎型毒蘑菇。亦可入药，治疗大骨节病，有抗癌作用。

牛肝菌目 Boletales　乳牛肝菌科 Suillaceae

灰乳牛肝菌
Suillus viscidus (L.) Roussel

宏观特征：菌盖宽 3 ～ 8.5 cm，半球形至平展，中央凸起，棕灰色，菌盖表面具有褐色斑点，边缘向内卷曲，表面无块状鳞片。菌肉较厚，受伤后变绿。菌管直生，幼时灰白色至灰绿色，与菌肉不易分离。菌柄长 5 ～ 7.5 cm，粗 1 ～ 1.8 cm，圆柱形，基部膨大，实心。菌环膜质，上位。

微观特征：孢子（10 ～ 12）μm×（4.0 ～ 5.0）μm，梭形，光滑，浅黄色。

生境：夏、秋季单生或群生于落叶松林地上。

分布：亚洲、欧洲和北美洲。

食药用价值：可食用、药用。

牛肝菌目 Boletales　小塔氏菌科 Tapinellaceae

耳状小塔氏菌
Tapinella panuoides (Fr.) E.-J. Gilbert

宏观特征：菌盖宽 3 ～ 8 cm，扇形或贝壳形，黄褐色、黄棕色或橙棕色，边缘稍卷曲。菌肉白色或土黄色。菌褶延生，密集，暗橙色到黄色，卷曲或波纹状。

微观特征：孢子（3.5 ～ 5.0）μm×（2.5 ～ 4.0）μm，椭圆形，光滑，无色。

生境：夏、秋季单生或群生于针叶树枯木上。

分布：亚洲、欧洲、非洲、北美洲和大洋洲。

食药用价值：尚不明确。

鸡油菌目 Cantharellales　齿菌科 Hydnaceae

皱锁瑚菌
Clavulina rugosa (Bull.) J. Schröt

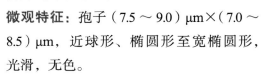

宏观特征： 子实体高 2～6 cm，呈近棍棒形，奶油白色、米白色至象牙黄色，表面常常有纵向的褶皱或无规则的隆起。菌肉肉质，质地稍韧。菌柄不明显，近圆柱形或有膨大，白色、污白色至米白色。无特殊气味和味道。

微观特征： 孢子（7.5～9.0）μm×（7.0～8.5）μm，近球形、椭圆形至宽椭圆形，光滑，无色。

生境： 夏、秋季单生或群生于针叶林或阔叶林地上。

分布： 世界广泛分布。

食药用价值： 尚不明确。

钉菇目 Gomphales　钉菇科 Gomphaceae

变绿暗锁瑚菌
Phaeoclavulina abietina (Pers.) Giachini

宏观特征：子实体高 2 ～ 5 cm，圆形到扇形。分枝细，黄棕色至橄榄棕色，不规则分裂，尖端相对短，呈青紫蓝色或随着年龄增长呈绿色调。菌肉坚韧，味苦。菌柄高 1 ～ 2 cm，实心或由部分融合的枝组成，黄棕色至橄榄棕色，基部青绿色。

微观特征：孢子（5.5 ～ 7.5）μm×（3.0 ～ 4.0）μm，有疣，椭圆形，黄色。

生境：夏、秋季群生于针叶林腐质层中。

分布：亚洲、欧洲和北美洲。

食药用价值：可食用。

红菇目 Russulales 耳匙菌科 Auriscalpiaceae

耳匙菌
Auriscalpium vulgare Gray

宏观特征：子实体小，革质、韧，被暗褐色绒毛。菌盖勺形，或耳匙形，半圆形、肾形至心脏形，宽 0.5～3 cm，灰烟褐色，老后盖表面绒毛稍脱落。盖菌下刺密集，短而锥形，长 1～2 mm，初期黄灰色，后呈浅褐色，老后黑褐色，受伤变暗带紫色。菌柄长 3.5～8 cm，粗 0.2～0.5 cm，基部膨大，内部实心，表面绒毛密集，同盖色。

微观特征：孢子（4.5～5.5）μm×（3.5～4.5）μm，近球形，光滑或似有小疣和小麻点，含一油球，近无色。

生境：秋季生于松树、云杉等球果上，导致球果腐烂。偶见生于松叶层中及松枝上。

分布：亚洲、欧洲和北美洲。

食药用价值：尚不明确。

红菇目 Russulales　耳匙菌科 Auriscalpiaceae

海狸色螺壳菌
Lentinellus castoreus (Fr.) Kühner & Maire

宏观特征： 菌盖宽2～5 cm，侧耳形，赭棕色、肉桂棕色，或稍带粉红棕色，幼时内卷，向内渐生绒毛，近基部处绒毛密而厚，密布呈毯状，污白色或灰白色或带棕色。菌肉薄，污白色。菌褶深度延生，密，肉色至淡棕色，幼时边缘全缘，渐变成锯齿状。菌柄无，基部宽，带有淡红棕色至棕色的绒毛。

微观特征： 孢子（4.0～5.0）μm×（3.0～3.5）μm，椭圆形至宽椭圆形，具疣突，无色。

生境： 夏、秋季生于针阔混交林腐木上。

分布： 亚洲、欧洲、北美洲和大洋洲。

食药用价值： 可食用。子实体气味弱，稍麻辣。

红菇目 Russulales 耳匙菌科 Auriscalpiaceae

螺壳菌
Lentinellus cochleatus (Pers.) P. Karst.

宏观特征：菌盖宽 3 ～ 5.5 cm，侧耳形，初时有细毛，后光滑，有细条纹，茶褐色或浅黄褐色，成熟后为浅土黄色，菌盖边缘较薄，且似有条纹。菌肉较薄，白色。菌褶延生，白色。菌柄长 2 ～ 4 cm，粗 0.5 ～ 1 cm，侧生，短，同盖色，较韧，中实。

微观特征：孢子（5.0 ～ 6.0）μm×（4.0 ～ 5.0）μm，近球形，光滑，无色。

生境：夏、秋季群生于针叶树腐木上。

分布：亚洲、欧洲、北美洲和大洋洲。

食药用价值：可食用。

红菇目 Russulales 猴头菌科 Hericiaceae

猴头菌
Hericium erinaceus (Bull.) Pers.

宏观特征：子实体宽 3.5 ～ 10（30）cm，肉质，外形呈脑形或倒卵形，似猴子的头，鲜时全部白色，干燥后变为乳白色至浅黄或浅褐色，由无数肉质软刺生长在狭窄或较短的柄部。在子实体内部有肥厚而粗短的分枝，互相融合，呈花椰菜状，中间有小孔隙，全体呈一肉块，肉质柔软细嫩，白色，有清香味，内实。刺细长下垂，长 1 ～ 5 cm，上端粗 1 ～ 2 mm，下端尖细，呈针状，下垂，稍弯曲，刺表面被有子实层。

微观特征：孢子（5.5 ～ 7.5）μm×（5.0 ～ 6.0）μm，近球形，光滑，无色，含一油滴。

生境：秋季单生或成对生于阔叶林树上。

分布：亚洲、欧洲和北美洲。

食药用价值：重要食药用菌。具有滋补健身、助消化、利五脏的功能，对消化道肿瘤、胃溃疡和十二指肠溃疡、胃炎、腹胀等有一定疗效。

红菇目 Russulales 红菇科 Russulaceae
白灰乳菇
Lactarius albidocinereus X. H. Wang, S. F. Shi & T. Bau

宏观特征：菌盖宽 3 ～ 6.5 cm，幼时半球形，后平展，奶油色至浅褐色，有时褪色成近白色，中心色深，中部稍凹陷，菌盖表面干。菌肉较薄，白色。菌褶直生稍延生，奶油白色至浅褐色。菌柄长 2 ～ 5 cm，粗 0.5 ～ 1 cm，圆柱形，向下稍渐细，白色或浅褐色。

微观特征：孢子（6.0 ～ 8.5）μm×（6.0 ～ 7.0）μm，椭圆形或近球形，光滑，无色。

生境：夏、秋季单生或丛生于栎树林下。

分布：世界广泛分布。

食药用价值：尚不明确。

红菇目 Russulales　红菇科 Russulaceae

松乳菇
Lactarius deliciosus (L.) Gray.

宏观特征： 菌盖宽 4～10 cm，扁半球形，中央伸展后下凹，边缘最初内卷，后平展，湿时黏，无毛，有或没有颜色较明显的环带，花纹酷似松树的年轮，后色变淡，伤后变绿色，菌盖边缘部分变绿显著。菌肉初带白色，后变胡萝卜黄色。菌褶直生或稍延生，稍密，近柄处分叉，褶间具横脉，与菌盖同色，伤后或老后变绿色。乳汁量少，橘红色，最后变绿色。菌柄长 2～5 cm，粗 0.7～2 cm，近圆柱形并向基部渐细，有时具暗橙色凹窝，色同菌褶或更浅，伤后变绿色，内部松软后变中空，菌柄切面先变橙红色，后变暗红色。

微观特征： 孢子（8.0～10）μm×（7.0～8.0）μm，宽椭圆形，有疣和网纹，无色。

生境： 夏、秋季单生或散生于针叶林或针阔叶树林中地上。

分布： 世界广泛分布。

食药用价值： 食用菌，味道鲜美、营养丰富。其子实体提取物对肉瘤 S-180 和艾氏腹水癌有抑制作用。

红菇目 Russulales　红菇科 Russulaceae

芬诺斯堪乳菇
Lactarius fennoscandicus Verbeken & Vesterh.

宏观特征： 菌盖宽 3 ～ 8 cm，凸出，中心稍凹陷，表面光滑，黏至稍黏，棕橙色、灰粉色到深棕色，中心红棕色，有深褐色斑点。菌柄长 4 ～ 8 cm，宽 1 ～ 2.5 cm，圆柱形，浅黄色到棕色，通常在最顶端有一块白色区域，擦伤后变成绿色，中等坚硬，中空。气味不明显或有非常轻微的水果味。

微观特征： 孢子（7.0 ～ 10）μm×（5.5 ～ 8.0）μm，椭圆形，具疣突、窄脊，近无色。

生境： 夏、秋季单生或散生于云杉林下。

分布： 亚洲和欧洲。

食药用价值： 尚不明确。

红菇目 Russulales　红菇科 Russulaceae

横断山乳菇
Lactarius hengduanensis X.H. Wang

宏观特征： 菌盖宽 4 ～ 6 cm，浅棕色至棕褐色，呈杯形，中部凹陷，表面具有深棕色放射状条纹，边缘颜色较浅，且微微内卷。菌肉较薄，棕色。菌褶延生，棕色。菌柄长 6 ～ 8 cm，粗 1.3 ～ 2 cm，圆柱形，棕色至棕褐色，中空。

微观特征： 孢子 4.5 ～ 6.0 μm，球形，具疣状网纹，无色。

生境： 夏、秋季单生于针叶林地上。

分布： 亚洲。

食药用价值： 尚不明确。

红菇目 Russulales　红菇科 Russulaceae

绒边乳菇
Lactarius pubescens Fr.

宏观特征：菌盖宽 5 ～ 10 cm，扁半球形，中部下凹，后平展或浅漏斗形，湿时黏，乳白色、肤色或浅土黄色，边缘内卷，有长绒毛。菌肉较厚，白色或污白色。菌褶直生至近延生，较密，白色带粉红色。菌柄长 3 ～ 5 cm，粗 1 ～ 1.5 cm，圆柱形，与盖同色，平滑，内部松软。

微观特征：孢子（6.0 ～ 8.0）μm×（4.5 ～ 5.5）μm，椭圆形或宽椭圆形，有小刺和不完整的网纹，无色。

生境：夏、秋季散生或群生于阔叶林中地上，与树木形成外生菌根。

分布：亚洲、欧洲、北美洲和大洋洲。

食药用价值：胃肠炎型毒蘑菇。

红菇目 Russulales　红菇科 Russulaceae

秦岭乳菇
Lactarius qinlingensis X.H. Wang

宏观特征：菌盖宽 1.5 ～ 3.5 cm，起初稍凸至扁平，然后变得凹陷。幼时或潮湿时呈黑色棕色或深棕色，干燥或成熟时呈红棕色、棕色、赭棕色。菌肉薄，奶油色。菌褶稍宽，延生，稍密集至稀疏，淡黄色至浅红棕色。菌柄长 2.5 ～ 7 cm，粗 0.3 ～ 0.5 cm，棒形，橙棕色至红棕色，中空。

微观特征：孢子（6.0 ～ 8.0）μm×（6.5 ～ 7.5）μm，近球形，少量宽椭圆形，有刺和脊。

生境：夏、秋季单生或群生于落叶松林下。

分布：亚洲。

食药用价值：尚不明确。

红菇目 Russulales　红菇科 Russulaceae

窝柄黄乳菇
Lactarius scrobiculatus (Scop.) Fr.

宏观特征： 菌盖宽 5～19 cm，半球形，渐扁平，后呈漏斗形；盖面湿时黏，暗土黄色，常带浅橄榄色，有暗色同心环纹或环纹不明显，有毛状鳞片，中部少或光滑，近边缘呈密丛毛状；盖缘初时内卷，后平展或稍向上翘，有长而密的软毛。菌肉白色，致密，伤后很快变为硫黄色，苦辣。菌褶延生，密，近柄处分叉，初时白色或浅黄色，伤或老后变暗，乳汁丰富，白色，很快变为硫黄色。菌柄长 3～5 cm，粗 1～3 cm，湿时黏，等粗，与盖面同色或稍浅，初中实，后中空，表面有明显凹窝。

微观特征： 孢子（7.0～9.0）μm×（5.5～7.0）μm，近球形，有刺。

生境： 夏、秋季散生或群生于针阔混交林或针叶林地上。

分布： 亚洲、欧洲和北美洲。

食药用价值： 胃肠炎型毒蘑菇。

红菇目 Russulales　红菇科 Russulaceae

疝疼乳菇
Lactarius torminosus (Schaeff.) Pers.

宏观特征：菌盖宽 5 ~ 10 cm，平展下凹，边缘平展，表面湿时稍黏，具贴生长毛，边缘具突出盖缘的长毛，有时具环纹，粉红色、淡红褐色。菌肉近白色。菌褶直生至稍延生，密，淡粉红色。乳汁白色，菌柄长 4 ~ 6 cm，宽 1 ~ 2 cm，圆柱形，等粗或向下渐细，粉红色。

微观特征：孢子（8.0 ~ 9.5）μm×（6.0 ~ 7.0）μm，宽椭圆形，有小刺，无色。

生境：夏、秋季散生或群生于针阔混交林地上。

分布：亚洲、欧洲、北美洲和大洋洲。

食药用价值：胃肠炎型毒蘑菇。

红菇目 Russulales　红菇科 Russulaceae

亚祖乳菇
Lactarius yazooensis Hesler & A.H. Sm.

宏观特征：菌盖宽 3 ～ 7 cm，浅黄色至黄褐色，中心色深，中心凹陷，边缘平展，黏，且具同心环纹，有时呈水浸状。菌肉较厚，白色至灰白色。菌褶稍延生，较密，灰白色至黄褐色。菌柄长 2.5 ～ 6 cm，粗 0.8 ～ 1.5 cm，圆柱形，等粗或由顶端向下渐细，白色带黄褐色。

微观特征：孢子（8.0 ～ 10）μm×（6.0 ～ 8.0）μm，椭圆形或宽椭圆形，有刺和网纹，无色。

生境：秋季单生或散生于壳斗科林下。

分布：世界广泛分布。

食药用价值：尚不明确。

红菇目 Russulales　红菇科 Russulaceae

橙黄红菇
Russula aurea Pers.

宏观特征：菌盖宽 9 cm，初期凸镜形或扁半球形，后期渐平展至中部稍下陷，湿时稍黏，表面橙红色或橙黄色，中部往往颜色较深，后期边缘具条纹或不明显条纹。菌肉白色至淡黄色，味道温和或微辛辣。菌褶直生或离生，赭黄色，边缘黄色，等长，褶间具横脉，近菌柄处常具分叉。菌柄长 5 ～ 8 cm，粗 1.5 ～ 2.5 cm，中生，上下等粗，白色或奶油色至金黄色，肉质，内部松软，后变中空。

微观特征：孢子（7.0 ～ 9.5）μm×（6.0 ～ 8.5）μm，卵圆形至近球形，粗糙，浅黄色。

生境：夏、秋季群生于针阔混交林地上。

分布：亚洲、欧洲、非洲和北美洲。

食药用价值：食用菌。

红菇目 Russulales　红菇科 Russulaceae

迟生红菇
Russula cessans A. Pearson

宏观特征：菌盖宽 3 ～ 8 cm，凸起至平凸，深红色到紫红色，中心颜色较深。菌褶直生，淡黄色。菌肉白色。菌柄长 3 ～ 7 cm，粗 1 ～ 2 cm，基部略微膨胀，白色，中空。

微观特征：孢子（8.0 ～ 9.0）μm×（7.0 ～ 8.0）μm，宽椭圆形或近圆形，粗糙，浅黄色至无色。

生境：夏、秋季群生于针叶林地上。

分布：亚洲、欧洲和北美洲。

食药用价值：尚不明确。

红菇目 Russulales　红菇科 Russulaceae

非白红菇
***Russula exalbicans* (Pers.) Melzer & Zvára**

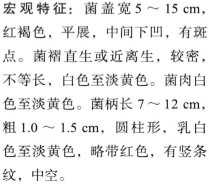

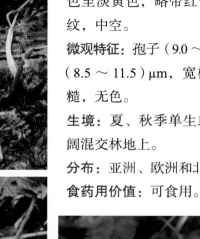

宏观特征：菌盖宽 5 ～ 15 cm，红褐色，平展，中间下凹，有斑点。菌褶直生或近离生，较密，不等长，白色至淡黄色。菌肉白色至淡黄色。菌柄长 7 ～ 12 cm，粗 1.0 ～ 1.5 cm，圆柱形，乳白色至淡黄色，略带红色，有竖条纹，中空。

微观特征：孢子（9.0 ～ 12.5）μm×（8.5 ～ 11.5）μm，宽椭圆形，粗糙，无色。

生境：夏、秋季单生或散生于针阔混交林地上。

分布：亚洲、欧洲和北美洲。

食药用价值：可食用。

红菇目 Russulales 红菇科 Russulaceae

落叶松红菇
Russula laricina Velen.

宏观特征：菌盖宽为 3 ～ 6 cm，表面平展，颜色不均匀，中心色深，边缘为铜褐色。菌肉白色。菌褶直生，等长，黄白色，较稀疏。菌柄长 3.5 ～ 6 cm，粗 0.7 ～ 1.4 cm，白色，圆柱形，白色，基部稍膨大。

微观特征：孢子（8.0 ～ 9.0）μm×（7.0 ～ 8.0）μm，宽椭圆形，表面有小疣，无色。

生境：夏、秋季单生或群生于针叶林地上。

分布：亚洲、欧洲、非洲、南美洲和北美洲。

食药用价值：尚不明确。

红菇目 Russulales　红菇科 Russulaceae

香红菇
***Russula odorata* Romagn.**

宏观特征：菌盖宽 4 ～ 5.5 cm，初半球形，成熟后平展，湿时黏，中部酒红色至紫红色。边缘具短条纹，白色、乳白色至淡黄色。菌肉白色，老后奶油色，味道、气味温和。菌褶直生至弯生，等长，白色至深奶油色，分叉较少，褶间具横脉，伤不变色。菌柄长 5.5 ～ 8.5 cm，粗 0.8 ～ 1.2 cm，圆柱形，白色，老后常带淡黄色色调，光滑，初内实后中空。

微观特征：孢子（6.5 ～ 8.5）μm×（5.5 ～ 7.5）μm，球形、近球形至宽椭球形，有小疣，无色。

生境：夏、秋季单生或散生于栎林地上。

分布：亚洲和欧洲。

食药用价值：尚不明确。

红菇目 Russulales　红菇科 Russulaceae

桃红菇
Russula renidens Ruots., Sarnari & Vauras

宏观特征：菌盖宽 3～12 cm，平展至中部稍下凹，呈漏斗形或半球形，桃红色或黄色。菌肉白色。菌褶直生至稍延生，通常呈白色或污黄色，褶幅窄。菌柄长 5～8 cm，粗 1～1.5 cm，圆柱形，通常呈粉红色、红色或白色，中空。

微观特征：孢子（6.5～9.5）μm×（5.5～7.5）μm，宽椭圆形，表面有小刺或疣，无色。

生境：夏、秋季单生、散生或群生于针阔混交林地上。

分布：亚洲、非洲和北美洲。

食药用价值：可食用性差，尝起来很辣。

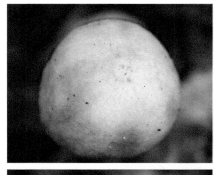

红菇目 Russulales　红菇科 Russulaceae

血红菇
Russula sanguinea Fr.

宏观特征：菌盖宽 2～10 cm，初期中部突出，后期平展，中间浅凹陷，表面有黏性，鲜红色至暗红色。菌肉白色，厚。菌褶直生或稍延生，较稀，等长，黄白色。菌柄长 3～10 cm，粗 1.5～2.5 cm，圆柱状，上下等粗，白色至黄白色，中实，后松软。

微观特征：孢子（7.0～9.0）μm×（6.0～7.5）μm，宽椭圆形，有小疣，无色。

生境：夏、秋季单生或群生于针叶林或针阔混交林地上。

分布：亚洲、欧洲、非洲和北美洲。

食药用价值：药用，可抗细菌、抑肿瘤、去风湿、止血、止痒。

红菇目 Russulales　红菇科 Russulaceae

菱红菇
Russula vesca Fr.

宏观特征：菌盖宽 4～12 cm，初期近圆形，后扁半球形，最后平展，中部下凹，颜色变化多，酒褐色、浅红褐色、浅褐色或菱色等，边缘老时具短条纹，菌盖表皮短不及菌盖边缘，有微皱或平滑。菌肉白色，趋于变污淡黄色，气味不显著，味道柔和。菌褶直生，密，白色，或稍带乳黄色，基部常分叉，具横脉，褶缘常有锈褐色斑点。菌柄长 3～7 cm，粗 1～3 cm，圆柱形或基部略细，白色，基部常略带黄色或褐色，中实，后松软。

微观特征：孢子（6.5～8.5）µm×（4.5～6.5）µm，近球形，有小疣，无色。

生境：夏、秋季单生或散生于阔叶林地上。

分布：亚洲、欧洲、非洲和北美洲。

食药用价值：可食用，但味不佳。据报道对小白鼠肉瘤 S-180 和艾氏癌的抑制率为 90%。

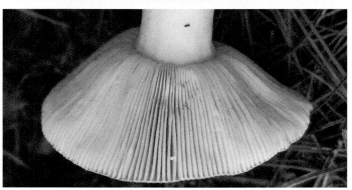

第三章

多孔菌类

担子菌门 Basidiomycota

蘑菇纲 Agaricomycetes

伏革菌目 Corticiales　于伊曼科 Vuilleminiaceae

柳树分枝囊革菌
Cytidia salicina (Fr.) Burt

宏观特征: 子实体革质。菌盖平伏,边缘反卷,似圆盘形,背着生长,宽 1 ~ 3 cm,厚可达 2 ~ 3 mm,盖面血红至暗红色,平滑,边缘相互连接呈不规则形,湿时呈水浸状或近蜡质。

微观特征: 孢子(14 ~ 17)μm×(4.5 ~ 5.0)μm,椭圆形或近肾形,光滑,无色。

生境: 夏、秋季群生于阔叶树枯立木或枯枝上。

分布: 亚洲和大洋洲。

食药用价值: 尚不明确。

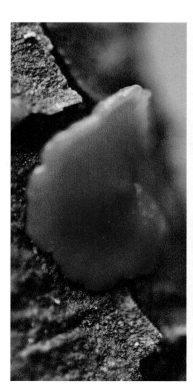

褐褶菌目 Gloeophyllales 粘褶菌科 Gloeophyllaceae

深褐褶菌
Gloeophyllum sepiarium (Wulfen) P. Karst.

宏观特征：子实体革质。菌盖扇形或半圆形，宽4～12 cm，具有纹理或同心圆，幼时黄色，后慢慢变成黄棕色接近黑色。菌肉锈色至暗黄色。菌褶边缘黄褐色，较硬，深0.6～1.2 cm。

微观特征：孢子（9.0～13）μm×（3.0～5.5）μm，梭形，光滑，无色。

生境：夏、秋季叠生于针叶树倒木上，以云杉和松木上比较常见。

分布：亚洲、欧洲、非洲、北美洲和大洋洲。

食药用价值：药用菌，具有抗肿瘤的作用。

刺革菌目 Hymenochaetales　刺革菌科 Hymenochaetaceae

齿状刺革菌
Hymenochaete odontoides S.H. He & Y.C. Dai

宏观特征：子实体革质。菌盖平伏至反卷或盖形，外伸可达 1 cm，宽可达 2 cm，盖面棕褐色至黑褐色，被微绒毛，具同心环带；边缘锐，干后内卷。不育边缘明显，颜色较淡，宽可达 1 mm。菌肉分层，上层颜色较暗，下层与菌齿同色，层间具一明显的黑线，厚可达 1 mm。菌齿黄褐色，排列稠密，每毫米 3 ～ 5 个，长可达 3 mm。

微观特征：孢子（4.5 ～ 5.0）μm×（1.2 ～ 1.5）μm，腊肠形，光滑，无色。

生境：夏、秋季叠生于栎树倒木上。

分布：世界广泛分布。

食药用价值：尚不明确。

刺革菌目 Hymenochaetales　刺革菌科 Hymenochaetaceae

簇毛褐孔菌
***Fuscoporia torulosa* (Pers.) T. Wagner & M. Fisch.**

宏观特征：子实体木栓质。菌盖扇形或半圆形，宽 10 ～ 25 cm，厚可达 2 cm，边缘钝，盖面黄褐色至淡棕色，无毛至被细绒毛或稍糙毛，在较老的部分变黑。孔口表面黄褐色，光滑。孔口圆形，有厚的完整分泌物。

微观特征：孢子（4.0～6.0）μm×（3.0～4.0）μm，卵圆形至椭圆形，光滑，无色。

生境：夏、秋季叠生或连接生于活的松树根部或腐木上。

分布：亚洲和北美洲。

食药用价值：尚不明确。

刺革菌目 Hymenochaetales　不确定的科 Incerate sedies

二形附毛菌
Trichaptum biforme (Fr.) Ryvarden

宏观特征： 子实体木栓质。菌盖半球形或肾形。菌盖宽 2～6 cm，厚 0.2～0.3 cm，白色到灰白色，重叠或连接，边缘较薄，有时淡紫色，盖面有毛或光滑。菌肉偏薄，近白色。菌管与菌肉同色。孔口表面紫色到淡紫色；老后变浅黄色或褐色。孔口成熟后发育棘或齿。

微观特征： 孢子（6.0～8.0）μm ×（2.0～3.0）μm，圆柱形，部分稍稍弯曲，无色。

生境： 春末至夏秋叠生于硬木原木或树桩上。

分布： 亚洲、欧洲、南美洲、北美洲和大洋洲。

食药用价值： 食药兼用。

多孔菌目 Polyporales　下皮黑孔菌科 Cerrenaceae

单色下皮黑孔菌
Cerrena unicolor (Bull.) Murrill

宏观特征： 子实体木栓质。菌盖侧生或平伏而翻卷，宽 2～8cm，盖面灰白色至灰褐色，生有一层软毛或粗毛，或二者皆有，有明显的同心环带。菌肉白色至淡褐色。孔口表面灰白色。孔口迷宫状或狭缝状，后期裂成齿片状，但边缘处仍保持孔状或迷宫状。

微观特征： 孢子（4.0～6.0）μm×（3.0～4.0）μm，长椭圆形，光滑，无色。

生境： 夏、秋季叠生于阔叶树的树干或树枝上。

分布： 亚洲、欧洲和北美洲。

食药用价值： 可药用，子实体含有抗癌物质。

多孔菌目 Polyporales　下皮黑孔菌科 Cerrenaceae

环带下皮黑孔菌
Cerrena zonata (Berk.) H.S. Yuan

宏观特征： 子实体新鲜时革质，干后硬革质。菌盖平伏或反卷，宽可达 5 cm，厚可达 8 mm，盖面新鲜时橘黄至黄褐色，具环纹，边缘薄，撕裂状，干后内卷。菌肉革质，厚可达 4 mm。孔口表面橘黄色至黄褐色。孔口近圆形。

微观特征： 孢子（4.5～6.0）μm×（3.0～4.0）μm，宽椭圆形，光滑，无色。

生境： 夏、秋季叠生于阔叶树倒木或落枝上。

分布： 亚洲、欧洲和大洋洲。

食药用价值： 尚不明确。

多孔菌目 Polyporales　下皮黑孔菌科 Cerrenaceae

毛盖假绵皮孔菌
***Pseudospongipellis litschaueri* (Lohwag) Y.C. Dai & Chao G. Wang**

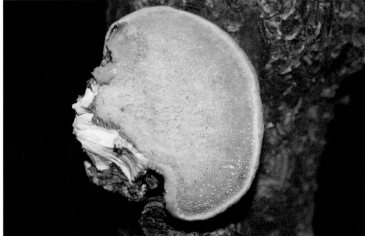

宏观特征：子实体革质至木栓质。菌盖近半圆形，宽 3 ~ 10 cm，盖面有白色至淡黄色的绒毛，成熟后褐色或红褐色。菌肉白色至奶油色或黄色，海绵状。孔口表面淡黄色或淡红褐色。孔口多角形或不规则。

微观特征：孢子（6.0 ~ 7.0）μm×（4.0 ~ 5.0）μm，宽椭圆形至近球形，光滑，无色，通常有一个油滴。

生境：夏、秋季单生于栎属的树木上。

分布：亚洲和大洋洲。

食药用价值：尚不明确。

多孔菌目 Polyporales　泪孔菌科 Dacryobolaceae

骨质多孔菌
Osteina obducta (Berk.) Donk

宏观特征： 子实体半肉质，含水汁多，干后硬而坚实。菌盖长6～12 cm，宽4～8 cm，扁半球形，厚可达0.5～1.5 cm。盖面白色至污白色，平滑，干时带浅黄色，边缘薄而锐。菌肉白色，新鲜时软，干后坚硬，厚。菌管延生，长1～3 mm，白色，干后呈浅黄色。孔口表面近白色。有侧生短柄或仅有柄状基部。孔口多角形。

微观特征： 孢子（4.0～6.0）μm×（2.0～2.5）μm，圆柱形或长椭圆形，光滑，无色。

生境： 秋季丛生于油松等针叶林腐木上。

分布： 亚洲、欧洲和北美洲。

食药用价值： 尚不明确。

多孔菌目 Polyporales　拟层孔菌科 Fomitopsidaceae

迪氏迷孔菌
Daedalea dickinsii Yasuda

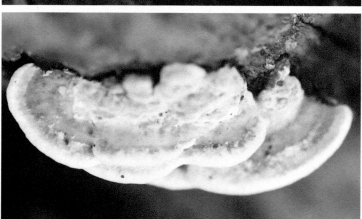

宏观特征： 子实体木栓质。菌盖半球形或马蹄形，宽 4.5～14 cm，厚 1～2 cm，表面有不明显环纹，肉色至深棕灰色。菌肉淡褐色至肉桂色，具环纹，厚。孔口表面淡灰色。孔口圆形至多角形。

微观特征： 孢子（18.5～20）µm×（9.0～10.5）µm，近球形，光滑，无色。

生境： 夏、秋季单生或覆瓦状叠生于阔叶树的倒木或伐木桩上。

分布： 亚洲。

食药用价值： 药用，可抑肿瘤。

多孔菌目 Polyporales　皮孔菌科 Incrustoporiaceae

乳白干酪菌
Tyromyces lacteus (Fr.) Murrill

宏观特征：子实体鲜时近肉质，干时变硬。菌盖近马蹄形，剖面呈三角形，宽 2 ～ 4.5 cm，厚 1 ～ 2.5 cm，纯白色，后期或干时变为淡黄色，表面有细绒毛，边缘薄而锐，内卷。菌肉软，干后易碎，厚 7 ～ 15 mm。菌管白色，干时长 3 ～ 10 mm，孔口表面白色，干后变为淡黄色。孔口多角形。

微观特征：孢子（3.5 ～ 5.0）μm×（1.0 ～ 1.5）μm，腊肠形，光滑，无色。

生境：夏、秋季单生或叠生于阔叶林或针叶林腐木上。

分布：亚洲、欧洲、北美洲和大洋洲。

食药用价值：药用，抗癌，对小白鼠肉瘤 S-180 和艾氏癌的抑制率分别为 90% 和 80%。

多孔菌目 Polyporales　耙齿菌科 Irpicaceae

乳白耙菌
Irpex lacteus (Fr.) Fr.

宏观特征：子实体平伏、平伏至反卷。平伏时长可达20 cm，宽可达5 cm，革质，菌盖半圆形，外伸可达1 cm，宽可达2 cm，厚可达0.4 cm。盖面乳白色至浅黄色，被细密绒毛，同心环带不明显，边缘与黄表面同色，干后内卷。菌肉白色至奶油色，厚可达1 mm。菌齿或菌管与子实层体同色，长可达3 mm。孔口表面奶油色至淡黄色。孔口多角形，边缘薄，撕裂状。

微观特征：孢子（5.0～7.0）μm×（2.0～3.0）μm，椭圆形，光滑，无色。

生境：夏、秋季叠生于阔叶或针叶树的活木、倒木和落枝上。

分布：亚洲、欧洲、南美洲和北美洲。

食药用价值：药用，治疗尿少、浮肿、腰痛、血压升高等症，同时具抗炎活性。

多孔菌目 Polyporales　原毛平革菌科 Phanerochaetaceae

红橙彩孔菌
***Hapalopilus rutilans* (Pers.) Murrill**

宏观特征： 子实体木栓质。菌盖半圆形或肾形，宽 2.5 ～ 7 cm，厚 1 ～ 3 cm，盖面较秃或麂皮状，局部较皱，橙色到红棕色，边缘较浅，微黄至微白。菌肉暗橙色或浅棕色。孔口表面呈暗淡的橘红色。孔口多角形。

微观特征： 孢子（2.5 ～ 3.5）μm×（1.5 ～ 2.5）μm，椭圆形，光滑，无色。

生境： 夏、秋季单生或散生于针叶树枯木上。

分　布： 亚洲、欧洲和北美洲。

食药用价值： 神经精神型毒蘑菇。

多孔菌目 Polyporales 柄杯菌科 Podoscyphaceae
二年残孔菌
***Abortiporus biennis* (Bull.) Singer**

宏观特征：子实体木栓质。菌盖半圆形到近圆形，宽 3～12cm，厚 0.3～1.5 cm，盖面米黄色，浅肉色或呈淡褐色，无环纹，有绒毛。边缘薄而锐，波浪状至瓣裂。菌肉白色或近白色，厚 2～6 mm，上层松软，下层较硬。子实层体后来变齿裂，长 2～4 mm。孔口表面白色至淡黄褐色，或褐色至茶褐色。孔口多角形至迷宫形，渐裂为锯齿状，宽 0.5～1 mm 或更宽。无柄或有短柄。若有柄，侧生或近中生，有些仅具柄状基。

微观特征：孢子（4.5～6.5）μm×（3.5～5.0）μm，宽椭圆形到近球形，光滑，无色。

生境：夏、秋季单生或叠生于阔叶树上或地下埋有腐木的地上。

分布：亚洲、欧洲、北美洲和大洋洲。

食药用价值：可入药，具有抑肿瘤作用。

多孔菌目 Polyporales　多孔菌科 Polyporaceae

多变蜡孔菌
Cerioporus varius (Pers.) Zmitr. & Kovalenko

宏观特征：子实体革质。菌盖圆形至肾形，宽 2～8 cm，暗黄色或淡棕色，表面有贴生的绒毛。孔口表面白色至浅黄色。孔口近圆形。菌柄中生或偏生，长 1～3 cm，粗 0.2～0.7 cm，常弯曲，上半部常呈淡灰棕色，基部深黄褐色。

微观特征：孢子（8.0～10）μm×（2.5～3.5）μm，圆柱形，光滑，无色。

生境：春、秋季群生于多种阔叶树腐木上。

分布：世界广泛分布。

食药用价值：尚不明确。

多孔菌目 Polyporales　多孔菌科 Polyporaceae

粗糙拟迷孔菌
Daedaleopsis confragosa (Bolton) J. Schröt.

宏观特征：子实体木栓质。菌盖半圆形、扇形、肾形，宽 7～20 cm，边缘薄，污白色或黄褐色，具有红褐色同心环纹。菌肉白色至带粉色，或浅褐色。菌管长 5～15 mm，近黄褐色。孔口表面浅白至粉红或带暗色。孔口近迷路状。

微观特征：孢子（7.0～11）μm×（2.0～3.0）μm，圆柱形，光滑，无色。

生境：秋季叠生于桦、杨、栎、柳等腐木上。

分布：亚洲、欧洲和北美洲。

食药用价值：可药用，有抗癌作用，对小白鼠肉瘤 S-180 和艾氏癌的抑制率 90%。

多孔菌目 Polyporales 多孔菌科 Polyporaceae

三色拟迷孔菌
***Daedaleopsis tricolor* (Bull.) Bondartsev & Singer**

宏观特征：子实体革质至木栓质。菌盖半圆形，宽 3 ～ 10 cm，扁平，无柄或基部狭小，有时左右相连，盖面有细绒毛，后变光滑，有环纹和辐射状皱纹，黄褐色至红褐色，后渐褪为浅茶褐色或肉桂色，边缘薄而锐，波浪状。菌肉薄，色淡。菌褶分叉，并于后侧相互交织，褶缘波浪状，有时略呈锯齿状。

微观特征：孢子（7.0 ～ 9.0）μm×（2.0 ～ 3.0）μm，圆柱形，光滑，无色。

生境：春至秋季单生或丛生于阔叶树枯木上。

分布：亚洲、欧洲和北美洲。

食药用价值：可药用，具抑肿瘤作用。

多孔菌目 Polyporales 多孔菌科 Polyporaceae

树舌灵芝
Ganoderma applanatum (Pers.) Pat

宏观特征：子实体木栓质。菌盖半圆形，宽 5～10 cm，盖面有瘤，具有同心环纹，褐色，边缘白色。菌肉浅黄色。孔口表面灰白色。孔口圆形。菌柄短或无。

微观特征：孢子（6.0～8.5）μm×（4.5～6.5）μm，近卵圆形，褐色或黄褐色。

生境：夏、秋季单生或叠生于多种阔叶树活立木、倒木或腐木上。

分布：世界广泛分布。

食药用价值：药用，在中国和日本民间作为抗癌药物，还可以治类风湿性肺结核，有止痛、清热、化积、止血、化痰之功效。

多孔菌目 Polyporales　多孔菌科 Polyporaceae
有柄灵芝
Ganoderma gibbosum (Blume & T. Nees) Pat.

宏观特征：子实体木栓质到木质。菌盖半圆形或近扇形，宽 4～10 cm，厚达 2 cm，盖面锈褐色、污黄褐色或土黄色，具较稠密的同心环带，皮壳较薄，有时用手指即可压碎，有时有龟裂，无光泽，边缘圆钝，完整。菌肉呈深褐色或深棕褐色，厚 0.5～1 cm。菌管深褐色，长 0.5～1 cm。孔口表面污白色或褐色。孔口近圆形。菌柄短而粗，侧生，长 4～8 cm，粗 1～3 cm，基部更粗，与菌盖同色。

微观特征：孢子（7.0～8.5）μm×（5.0～5.5）μm，卵圆形，有时顶端平截，双层壁，外壁无色透明，平滑，内壁有小刺，淡褐色。

生境：夏、秋季单生或群生于多种阔叶树树桩上。

分布：亚洲和南美洲。

食药用价值：药用，有祛风除湿、清热、止痛等功效。

多孔菌目 Polyporales　多孔菌科 Polyporaceae

冬生韧伞
Lentinus brumalis (Pers.) Zmitr.

宏观特征：子实体革质。菌盖近圆形，宽可达9 cm，中部厚可达7 mm，盖面新鲜时深灰色、灰褐色或黑褐色；边缘锐，黄褐色，干后内卷。菌肉乳白色，异质，下层硬革质，厚可达2 mm，上层软木栓质，厚可达3 mm，两层之间具细的黑线。菌管浅黄色或浅黄褐色，长可达2 mm。孔口表面初期奶油色，后期浅黄色，且折光反应。孔口圆形至多角形。菌柄中生或侧生，稻草色，被厚绒毛或粗毛，长可达3 cm，粗可达5 mm。

微观特征：孢子（5.5～6.5）μm×（2.0～2.5）μm，圆柱形，有时稍弯曲，光滑，无色。

生境：秋季单生或簇生于阔叶树腐木上。

分布：亚洲、欧洲、北美洲和南美洲。

食药用价值：幼时可食。

多孔菌目 Polyporales 多孔菌科 Polyporaceae

新棱孔菌
Neofavolus alveolaris (DC.) Sotome & T. Hatt.

宏观特征：子实体革质。菌盖扇形，宽 1.5～7 cm，盖面颜色不均匀，橙色，后为淡黄色或近白色。菌肉白色。菌孔口表面近白色或淡黄色。孔口菱形，呈放射状。菌柄短。

微观特征：孢子（10～13）μm×（3.5～4.0）μm，椭圆形，光滑，无色。

生境：夏、秋季单生或群生于阔叶树腐木或枯枝上。

分布：世界广泛分布。

食药用价值：药用，有抑肿瘤作用。

多孔菌目 Polyporales　多孔菌科 Polyporaceae

拟黑柄黑斑根孔菌
Picipes submelanopus (H.J. Xue & L.W. Zhou) J.L. Zhou & B.K. Cui

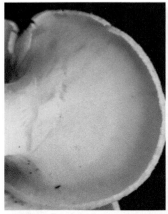

宏观特征：子实体木栓质。菌盖稍漏斗形，宽可达 6 cm，厚可达 0.8 cm，盖面浅黄色到黄褐色，边缘锐尖，与菌盖同色，干燥时向下弯曲。中央或侧面具柄。菌柄木栓质，长可达 7 cm，粗可达 0.8 cm，乳白色至稻草黄色。孔口表面白色。孔口近圆形。

微观特征：孢子（8.0～10）μm×（3.0 ～ 4.0）μm，近圆柱形，光滑，无色。

生境：夏、秋季单生或群生于针阔混交林下。

分布：亚洲。

食药用价值：尚不明确。

多孔菌目 Polyporales 多孔菌科 Polyporaceae

硬毛栓菌
Trametes hirsuta (Wulfen) Lloyd

宏观特征：子实体木栓质。菌盖半球形或扇形，宽 2 ～ 10 cm，厚 0.2 ～ 1.0 cm，盖面有不明显同心环纹，浅黄色至淡褐色。菌肉白色至淡黄色。孔口表面白色。孔口圆形至多角形。

微观特征：孢子（6.0 ～ 7.5）μm×（2.0 ～ 2.5）μm，圆柱形或腊肠形，光滑，无色。

生境：夏、秋季单生或覆瓦状叠生于阔叶树的活立木、枯立木或伐木桩上。

分布：世界广泛分布。

食药用价值：药用，可治疗风湿，止咳、化脓、抑肿瘤。

多孔菌目 Polyporales　多孔菌科 Polyporaceae

膨大栓菌
***Trametes strumosa* (Fr.) Zmitr., Wasser & Ezhov**

宏观特征：子实体新鲜时革质，干后木栓质。菌盖半圆形至扇形，宽 3～6 cm，盖面新鲜时棕褐色至赭色，后变为灰褐色，粗糙，近基部有瘤状突起，无毛，有明显的同心环沟。菌肉橄榄褐色至赭色，软木栓质，厚达 0.6 cm。菌管暗黄褐色，长达 0.4 cm。孔口表面初期奶油色至乳灰色，后变为灰褐色。不育边缘明显，比孔面颜色稍浅，宽达 0.2 cm。

微观特征：孢子（7.0～10）μm×（3.0～4.0）μm，圆柱形，光滑，无色。

生境：夏、秋季单生或群生于阔叶树倒木上。

分布：亚洲、非洲和大洋洲。

食药用价值：尚不明确。

多孔菌目 Polyporales 多孔菌科 Polyporaceae

毛栓菌
Trametes trogii Berk.

宏观特征：子实体木栓质。菌盖半圆形或近贝壳形，宽 3 ～ 12 cm，中部厚可达 3 cm，盖面黄褐色，被密硬毛。边缘钝或锐。菌肉浅黄色，厚可达 1 cm。菌管与菌肉同色，木栓质，长可达 2 cm。孔口面初期乳白色，后期黄褐色至暗褐色。孔口近圆形边缘厚，全缘或略呈锯齿状。

微观特征：孢子（7.5 ～ 9.0）μm×（3.0 ～ 4.0）μm，圆柱形，光滑，无色。

生境：夏、秋季叠生于杨树或柳树等阔叶树腐木上。

分布：亚洲、欧洲和北美洲。

食药用价值：尚不明确。

多孔菌目 Polyporales 多孔菌科 Polyporaceae

变色栓菌
Trametes versicolor (L.) Lloyd

宏观特征：子实体常覆瓦状叠生，革质至半纤维质。菌盖扇形或贝壳状，宽可达10 cm，盖面有细长绒毛和褐色、灰褐色和污白色等多种颜色组成的狭窄的同心环带，边缘薄，边缘白色，波浪状。菌肉白色，薄，纤维质，干后纤维质至近革质。孔口面白色、淡黄色或灰色。

微观特征：孢子（4.5～5.5）μm×（1.5～2.0）μm，圆柱形，光滑，无色。

生境：春至秋季叠生于多种阔叶树倒木、枯枝或树桩上。

分布：世界广泛分布。

食药用价值：可药用，清热、消炎、抑肿瘤、治肝病等。

多孔菌目 Polyporales　多孔菌科 Polyporaceae

朱红栓菌
Trametes cinnabariana (Jacq.) Fr.

宏观特征：子实体木栓质，无柄，侧生。菌盖半圆形，宽2～11 cm，厚0.5～1 cm。盖面橙色至红色，后期稍橙色，变暗，无环纹，有细绒毛或无毛，稍有皱纹。菌肉橙色。孔口面红色。

微观特征：孢子（4.5～6.0）μm×（2.0～3.0）μm，椭圆形，光滑，微黄色或无色。

生境：夏、秋季群生或叠生于针叶树或阔叶树腐木上。

分布：世界广泛分布。

食药用价值：可药用，有清热除湿、消炎、解毒作用。研末敷于伤口可止血。对小鼠肉瘤S-180和艾氏癌的抑制率均为90%。

多孔菌目 Polyporales　刺孢齿耳菌科 Steccherinaceae

赭黄齿耳
***Steccherinum ochraceum* (Pers. ex J.F. Gmel.) Gray**

宏观特征： 子实体平伏，木栓质。菌盖伸出 1 ～ 1.5 cm，宽 2 ～ 5 cm，盖面有光滑的细小绒毛，有同心的纹理区域，灰色到棕色，边缘白色，折叠。菌肉坚硬，革质，白色。背面有密集的刺，长可达 3 mm，淡黄色至褐色。

微观特征： 孢子（3.5 ～ 5.0）μm×（2.0 ～ 2.5）μm，椭圆形，光滑，无色。

生境： 晚春至秋季单生或群生于针叶树枯木上。

分布： 亚洲、欧洲、非洲、北美洲和大洋洲。

食药用价值： 尚不明确。

红菇目 Russulales　韧革菌科 Stereaceae

毛韧革菌
Stereum hirsutum (Willd.) Pers.

宏观特征：子实体革质。菌盖扇形、半圆形或不规则形，宽 3～5 cm，盖面密被绒毛或具贴伏毛，中心区域具有纹理，颜色多变，但通常从黄色到棕褐色、棕色、红棕色或浅黄色不等。菌肉白色至淡黄色。孔口面白色，浅黄色至淡灰色。

微观特征：孢子（5.0～8.0）µm×（2.0～3.5）µm，圆柱形或狭椭圆形，光滑，无色。

生境：夏、秋季群生或叠生于硬木枯木上。

分布：亚洲、欧洲、南美洲、北美洲和大洋洲。

食药用价值：尚不明确。

红菇目 Russulales 韧革菌科 Stereaceae

轮纹韧革菌
Stereum ostrea (Blume & T. Nees) Fr.

宏观特征： 子实体革质，无柄或有时具短柄。菌盖半圆形或扇形，宽 3 ～ 8 cm，边缘薄，干时向下卷曲，有蛋壳色至浅茶褐色短绒毛，渐褪色为烟灰色，同心轮纹明显。菌肉浅黄褐色，背面浅肉色至藕色，平滑。

微观特征： 孢子（5.0 ～ 6.5）μm×（2.0 ～ 3.5）μm，椭圆形至卵圆形，光滑，无色。

生境： 夏、秋季群生或叠生于阔叶树枯立木、倒木和木桩上。

分布： 世界广泛分布。

食药用价值： 尚不明确。

红菇目 Russulales　韧革菌科 Stereaceae

血痕韧革菌
***Stereum sanguinolentum* (Alb. & Schwein.) Fr.**

宏观特征： 子实体革质。菌盖扇形或近半圆形，宽 1～2.5 cm，卷曲形成狭窄的搁板，表面由一层精细的毛毡状毛发组成，颜色从米色到浅黄色到深棕色，边缘颜色较浅。背面淡紫灰色、棕灰色至土黄色，平滑。

微观特征： 孢子（7.0～10）μm×（3.0～4.5）μm，椭圆形至圆柱形，光滑，无色。

生境： 夏、秋季单生或群生于云杉、落叶松等针叶树枯木上。

分布： 亚洲、欧洲、非洲、南美洲和北美洲。

食药用价值： 尚不明确。

革菌目 Thelephorales　革菌科 Thelephoraceae

石竹色革菌
***Thelephora caryophyllea* (Schaeff.) Pers.**

宏观特征： 子实体革质。菌盖漏斗形，宽1～4.5 cm，有条纹，石竹色，边缘颜色较浅，表面粗糙，不黏，有木质感。无菌褶。菌柄长3.5～5 cm，粗0.3～0.5 cm，深褐色。

微观特征： 孢子（7.0～8.0）μm×（5.0～6.0）μm，紫黑色，近似卵形，表面有小刺。

生境： 夏、秋季散生或群生于针叶林地上，与树林形成外生菌根。

分布： 亚洲、欧洲和北美洲。

食药用价值： 尚不明确。

蘑菇目 Agaricales　钝齿壳菌科 Radulomycetaceae

考氏齿舌革菌
Radulomyces copelandii (Pat.) Hjortstam & Spooner

宏观特征：子实体软革质，刺状，近圆形或不正形（可达 5 cm），往往着生于树干向地面一侧。刺下垂，锥形，分枝或否，柔软，近白色，老后淡污黄色至浅茶色，干时暗黄褐色。菌肉薄，软，革质至膜质。刺长 0.3 ～ 2 cm，直径约 1 mm，靠近边缘刺短。

微观特征：孢子（5.5 ～ 8.0）μm×（5.0 ～ 6.5）μm，近球形，光滑，无色，含一大油球。

生境：夏、秋季生于阔叶树枯立木或枯枝上。

分布：亚洲和欧洲。

食药用价值：尚不明确。

第四章

腹菌类

担子菌门 Basidiomycota

蘑菇纲 Agaricomycetes

蘑菇目 Agaricales 不确定的科 Incertae sedies

乳白蛋巢菌
Crucibulum laeve (Huds.) Kambly

宏观特征： 子实体高 0.5 ～ 2 cm，宽 0.4 ～ 1 cm，杯形。包被单层，外表面起初为淡黄色，后变黄色或变暗至接近棕色，基部有绒毛覆盖，内表面灰白色，老后近棕色。小包直径约 2 mm，扁圆，浅褐色或浅黄色，由菌丝索固定于杯中，

微观特征： 孢子（8.0 ～ 10）μm×（4.0 ～ 6.0）μm，椭圆形，壁厚，光滑，无色，内含颗粒物。

生境： 夏、秋季单生、散生或群生于针阔混交林落枝上。

分布： 亚洲、非洲、南美洲、北美洲和大洋洲。

食药用价值： 尚不明确。

蘑菇目 Agaricales　不确定的科 Incertae sedies

隆纹黑蛋巢菌
Cyathus striatus Willd.

宏观特征：子实体高 1 ～ 2 cm，宽 0.5 ～ 1 cm，倒锥形至杯形，基部狭缩成短柄，成熟前顶部有灰白色盖膜。包被外表暗褐色、褐色至灰褐色，被硬毛褶纹初期不明显，毛脱落后有明显纵褶。内侧灰白色至银灰色，有明显纵条纹。小包直径 1.5 ～ 2.5 mm，扁球形，褐色、淡褐色至黑色，由根状菌索固定于杯中。

微观特征：孢子（18～25）μm×（8.0 ～ 12）μm，椭圆形至长椭圆形，壁厚，光滑，近无色。

生境：夏、秋季群生于针叶林中朽木或腐殖质多的地上。

分布：亚洲、欧洲、非洲、南美洲和北美洲。

食药用价值：尚不明确。

蘑菇目 Agaricales　马勃科 Lycoperdaceae

龟裂静灰球菌
Bovistella utriformis (Bull.) Demoulin & Rebriev

宏观特征：子实体大小不一，最大可达 20～25 cm，球形。外包被体厚 1～1.5 mm，白色至奶油色，成熟后变为暗棕色，被绒毛，锥体疣聚集成更大的鳞状斑块。内包被体灰褐色，薄，膜质，顶部解体，形成一个火山口状的开口。孢体最初时为奶油色，柔软，成熟后变为黄绿色至橄榄棕色，粉状，未成熟孢体气味和味道不明显。

微观特征：孢子 4.5～5.5 μm，球形或近球形，壁中等厚度，光滑，黄褐色。

生境：夏、秋季群生于阔叶林地上。

分布：亚洲和北美洲。

食药用价值：药用，孢粉可止血。

蘑菇目 Agaricales　马勃科 Lycoperdaceae

长柄马勃
Lycoperdon excipuliforme (Scop.) Pers.

宏观特征： 子实体高 7 ～ 15 cm，宽 4 ～ 10 cm，梨形。外包被幼时为白色，表面有尖锐的疣，成熟后为棕褐色，头部破裂会释放出孢子。下部直径为头部直径的一半，表面会形成皱纹。基部与下部等粗或略微变粗。

微观特征： 孢子 10 ～ 12 μm，球形，光滑，褐色，尾部具有小柄，柄长 5.0 ～ 7.0 μm。

生境： 夏、秋季单生或群生于林缘沙地上。

分布： 世界广泛分布。

食药用价值： 可食用。药用，孢粉可止血。

蘑菇目 Agaricales 马勃科 Lycoperdaceae

白鳞马勃
Lycoperdon mammiforme Pers.

宏观特征：子实体高 5～7 cm，宽 4～6 cm，陀螺形。外包被表面具厚白色块状或斑状鳞片，后期鳞片脱落而光滑。顶部稍突起，成熟后破裂一孔口，内孢体白色，老后渐变为黄褐色至暗褐色。不育基部较发达，初期白色，后略带黄褐色。

微观特征：孢子 4.5～5.5 μm，近球形，具疣，褐色。

生境：夏、秋季单生或群生于阔叶林地上。

分布：世界广泛分布。

食药用价值：药用，孢粉可止血。

蘑菇目 Agaricales 马勃科 Lycoperdaceae

草地横膜马勃
Lycoperdon pratense Pers. Kreised

宏观特征：子实体宽 2 ～ 5 cm，高 1 ～ 4 cm，宽陀螺形或近扁球形，初期白色或污白色，成熟后灰褐色、蓝茶褐色。外包被由白色小疣状短刺组成，后期脱落后，露出光滑的内包被。内部孢粉幼时白色，后呈黄白色，成熟后茶褐灰色或咖啡色。不育基部发达而粗壮，与产孢部分间有一个明显的横膜隔离。孢丝无色或近无色至褐色，壁厚有隔。

微观特征：孢子 3.5 ～ 4.5 μm，球形，有小刺，浅黄色。

生境：秋季单生、散生或群生于林缘草地或空旷草地上。

分布：亚洲、欧洲、南美洲、北美洲和大洋洲。

食药用价值：幼时可食。

牛肝菌目 Boletales 硬皮马勃科 Sclerodermataceae

大孢硬皮马勃
Scleroderma bovista Fr.

宏观特征： 子实体宽可达 5 cm，球形、亚球形或不规则球形，由白色根状菌索固定于地上。新鲜时无特殊气味，老后很容易从地表脱落。外包被新鲜时奶油色至灰褐色，具微绒毛至光滑，有时具不规则龟裂。产孢组织幼时灰白色，柔软，后变黑褐色或橄榄褐色，呈棉质的粉状物。

微观特征： 孢子（11～12.5）μm×（10～11.5）μm，近球形至球形，厚壁，具网棱和长刺，刺可达 3 μm，黄褐色。

生境： 夏、秋季群生于阔叶林地上。

分布： 世界广泛分布。

食药用价值： 药用，具有消炎和止血等功效。

地星目 Geastrales　地星科 Geastraceae

北京地星
Geastrum beijingense C.L. Hou, Hao Zhou & Ji Qi Li

宏观特征： 子实体宽 3～4.5 cm。外包被不具有吸湿性，开裂成 4～9 瓣。菌丝体层浅棕色，明显附着有植物残体。纤维层较薄，呈白色。拟薄壁组织层灰褐色至黄褐色。内包被体球形至近球形，直径 1～1.5 cm，浅棕色至浅黄色，基部不具有小柄，顶端子实口缘纤毛状，不具有子实口缘环。

微观特征： 孢子 4.0～5.5 μm，球形或近球形，具有柱状纹饰，深褐色。

生境： 夏末至秋季单生或群生于以华北落叶松为主的针叶林或针阔混交林枯枝落叶上。

分布： 亚洲。

食药用价值： 尚不明确。

地星目 Geastrales　地星科 Geastraceae

毛嘴地星
Geastrum fimbriatum Fr.

宏观特征：子实体宽3.5～4.3 cm。外包被不具有吸湿性，开裂成4～6瓣。菌丝体层暗金色，明显具植物残体。纤维层不脱落，白色至灰黄色。拟薄壁组织层薄，橙棕色，几乎不脱落或者在裂瓣尖端部位脱落。内包被体球形至近球形，直径1.5～2.2 cm，暗黄色，基部不具有小柄。顶端子实口缘纤毛状，不具有子实口缘环。

微观特征：孢子2.5～3.0 μm，球形或近球形，具有柱状纹饰，浅棕色至棕褐色。

生境：夏末至秋季单生或群生于针叶林枯枝落叶上。

分布：亚洲、欧洲、南美洲、北美洲和大洋洲。

食药用价值：可药用。

地星目 Geastrales　地星科 Geastraceae

黑头地星
Geastrum melanocephalum (Czern.) V.J.

宏观特征：子实体宽 3.5 ～ 5.5 cm。外包被不具有吸湿性，开裂成 4 ～ 6 瓣。菌丝体层薄，暗金色，附着有植物残体壳。纤维层不脱落，白色至灰黄色；拟薄壁组织层薄，橙棕色，在裂瓣分裂部位形成类似"菌领"的结构。内包被体球形至近球形，直径 1.5 ～ 2 cm，暗褐色，基部具有小柄，成熟后期会随着孢体裸露出来。顶端子实口缘纤毛状，具有子实口缘环。

微观特征：孢子球形或近球形，直径 5.0 ～ 6.0 μm，棕色至棕褐色，具有柱状纹饰。孢丝不分枝，直径 3.5 ～ 9.5 μm，浅褐色。

生境：夏、秋季单生或群生于针叶林地上。

分布：亚洲和欧洲。

食药用价值：味道温和，但不可食用。

地星目 Geastrales 地星科 Geastraceae

袋形地星
Geastrum saccatum Fr.

宏观特征：子实体宽 1.5 ～ 3 cm。外包被呈浅黄褐色，成熟时会分裂成 6 ～ 8 个裂片，不具有吸湿性。内包被体扁球形，直径 1 ～ 1.5 cm，圆形或椭圆形，表面光滑，棕色到深褐色，子实口缘纤毛状，矮圆锥形。孢体成熟后为深棕色的粉末状。

微观特征：孢子 4.5 ～ 6.0 μm，圆形，表面有柱状疣，黄色至浅棕色。孢丝不分枝，直径 4.5 ～ 8.5 μm，黄色至棕色。

生境：春至秋季单生或群生于阔叶林下。

分布：世界广泛分布。

食药用价值：尚不明确。

地星目 Geastrales　地星科 Geastraceae

尖顶地星
Geastrum triplex Jungh.

宏观特征：子实体宽 3～5.5 cm。外包被浅囊状，开裂形成 5～8 瓣裂片，裂片通常向外反卷于外包被盘下。拟薄壁组织层较厚，沙土色，有的裂片在基部断裂，形成杯状菌领。纤维层沙土色。菌丝体层表面附着有少量的植物残体壳，暗土色。内包被体扁球形至球形，直径 2～2.5 cm，基部无柄和囊托，沙土色至浅褐色。子实口缘宽圆锥形，纤毛状，有口缘环。

微观特征：孢子 5.5～6.5 μm，球形或近球形，黄棕色至暗棕色，表面纹饰为柱状突或粗疣突、微疣突。孢丝不分枝，直径 2.5～6.5 μm，黄棕色至棕色。

生境：夏、秋季单生或群生于林下或灌木丛下的植物残体间。

分布：亚洲、欧洲、非洲、北美洲和大洋州。

食药用价值：尚不明确。

鬼笔目 Phallales　鬼笔科 Phallaceae

红鬼笔
Phallus rubicundus (Bosc) Fr.

宏观特征：子实体高8～15 cm。菌盖高1.5～3 cm，宽0.5～1 cm，近钟形，具网纹格，上面有灰黑色恶臭的黏红鬼笔液，浅红至橘红色，被黏液覆盖，顶端平，红色，并有孔口。菌柄海绵状，靠近顶部橘红至深红色，上部红色，圆柱形，中空，下部渐粗，色淡至白色。菌托有弹性，白色，高2.5～3 cm，粗1～2 cm。

微观特征：孢子（3.5～4.5）μm×（2.0～2.5）μm，柱形至长椭圆形，透明，近无色。

生境：秋、冬季单生或群生于阔叶林腐殖质上。

分布：亚洲、欧洲、北美洲和大洋洲。

食药用价值：此菌表面黏液腥臭，有报道煮熟后可以食用。

鬼笔目 Phallales　鬼笔科 Phallaceae

超短裙竹荪
Phallus ultraduplicatus X.D. Yu, W. Lv, S.X. Lv, Xu H. Chen & Qin Wang

宏观特征： 菌蕾卵圆形或近球形，白色、肉色至赭色。子实体高 15 ～ 20 cm。菌盖高 3 ～ 5 cm，圆锥形，顶端具孔，宽 3 ～ 5 mm。菌裙长 2 ～ 4 cm，易碎，白色，具有多边形的孔，从上到下逐渐变小。菌托凝胶状，外表肉赭色，基部白色，有长的、分枝的菌根。

微观特征： 孢子（4.0 ～ 5.5）μm ×（1.5 ～ 2.0）μm，椭圆形，无色。

生境： 夏、秋季单生于阔叶林地上。

分布： 亚洲。

食药用价值： 食用菌。

鬼笔目 Phallales　鬼笔科 Phallaceae

红笼头菌
Clathrus ruber P. Micheli ex Pers.

宏观特征：菌蕾近球形，白色。子实体高 5～15 cm，宽 3～8 cm，孢托近球形，颜色从浅黄色到黄褐色不等，由许多网格组成，网棱近海绵状，外侧平滑至有皱，内侧有暗青褐色带腥臭气味的黏液即孢体，往往招引苍蝇。子实体基部有一白色菌托包裹，其白色菌托是原来包被菌体的外菌幕。

微观特征：孢子（4.0～6.0）μm×（1.5～2.0）μm，圆柱形，光滑，无色。

生境：夏、秋季单生或群生于林地或草地上。

分布：亚洲、欧洲、北美洲和大洋洲。

食药用价值：尚不明确，据记载生吃有毒。

第五章

胶质菌类

担子菌门 Basidiomycota

蘑菇纲 Agaricomycetes
花耳纲 Dacrymycetes
银耳纲 Tremellomycetes

5

木耳目 Auriculariales 木耳科 Auriculariaceae

黑木耳
Auricularia heimuer F. Wu, B.K. Cui & Y.C. Dai

宏观特征：子实体宽2～6cm，厚0.2 cm左右，呈耳状或叶状，边缘波状，薄，以侧生的短柄或狭细的基部固着于基质上。初期为柔软的胶质，黏而富弹性，以后稍带软骨质，干后强烈收缩，变为黑色硬而脆的角质至近革质。菌肉由锁状联合的菌丝组成，粗2～3.5 μm。背面呈弧形，紫褐色至暗青灰色，疏生短绒毛。绒毛长115～135 μm，基部褐色，向上渐尖，尖端几乎无色。

微观特征：孢子（9.0～15）μm×（5.0～7.0）μm，肾形，无色。

生境：夏、秋季单生或群生长于栎、杨、榕、槐等多种阔叶树腐木上。

分布：世界广泛分布。

食药用价值：重要食用菌，具有降血压、降血脂等药用功能。

木耳目 Auriculariales　不确定的科 Inceratae sedies

白桂花耳
***Guepinia alba* L. Fan & Y. Shen**

宏观特征：子实体高 1.5 ～ 3.5 cm，耳状或亚漏斗状，基本直立，凝胶状，有扁平的毛状边缘，柄的一侧形成一个直径 2 ～ 5 cm 的假漏斗状结构，一侧几乎靠近基部。新鲜时白色至白灰色，成熟后在某些区域形成轻微的奶油橙色色调。菌盖外表面光滑至细毛，子实层面通常光滑，很少有细褶皱。菌肉乳白色，半透明。柄和子实层分界不明确。

微观特征：孢子（8.0 ～ 9.0）μm×（5.0 ～ 6.5）μm，宽椭圆形至椭圆形，光滑，无色，通常包含一个大的中心油滴或颗粒状内含物。

生境：夏、秋季群生于云杉林下。

分布：亚洲。

食药用价值：尚不明确。

花耳目 Dacrymycetales 花耳科 Dacrymycetaceae

匙盖假花耳
Dacryopinax spathularia (Schwein.) G.W. Martin

宏观特征：子实体高 0.6 ～ 1.5 cm，鹿角形，上部常不规则裂成叉状，橙黄色，干后橙红色。柄表面有细绒毛，基部近褐色，延伸入腐木裂缝中。

微观特征：孢子（7.0 ～ 10）μm×（3.0 ～ 4.0）μm，近腊肠形，光滑，无色。

生境：春至秋季群生于杉木等针叶树木桩或倒腐木上。

分布：亚洲、欧洲、南美洲、北美洲和大洋洲。

食药用价值：可食用，富含类胡萝卜素。

银耳目 Tremellales　银耳科 Tremellaceae

茶色暗银耳
Phaeotremella foliacea (Pers.) Wedin, J.C. Zamora & Millanes

宏观特征：子实体宽 3 ～ 12 cm，高 3 ～ 6 cm，由宽而薄的叶状瓣片组成，硬胶质，鲜时茶褐色、肉桂褐色至栗褐色，干后暗褐色至黑褐色，无柄。

微观特征：孢子（7.5 ～ 10.5）µm×（5.5 ～ 8.0）µm，近球形、卵形或椭圆形，光滑，无色或浅黄色。

生境：夏、秋季单生或群生于阔叶树腐木和枯枝上。

分布：亚洲、欧洲、非洲、北美洲和大洋洲。

食药用价值：可食用、药用。

银耳目 Tremellales　银耳科 Tremellaceae

玫色暗银耳
Phaeotremella roseotincta (Lloyd) Malysheva

宏观特征：子实体宽 2～4 cm，高 1～2 cm，无柄，叶状至波状的宽裂片，凝胶状，新鲜时从淡红色（粉红色）到淡棕色，干燥时为棕色。无柄。

微观特征：孢子（7.0～10）μm×（7.0～9.0）μm，球形至近球形，光滑，近无色。

生境：夏、秋季单生或群生于阔叶树枯木上。

分布：亚洲和大洋洲。

食药用价值：尚不明确。

银耳目 Tremellales　银耳科 Tremellaceae

云南暗银耳
***Phaeotremella yunnanensis* L.F. Fan, F. Wu & Y.C. Dai**

宏观特征： 子实体宽 1.5 ～ 4 cm，高 0.5 ～ 2 cm，灰棕色至褐色，凝胶状，干燥时成胶状，深褐色。瓣片具单层结构。无柄。

微观特征： 孢子（7.0 ～ 8.0）μm×（6.0 ～ 7.5）μm，球形、近球形到宽椭圆形，有纵隔，光滑，无色。

生境： 夏、秋季群生于多种树木腐木上。

分布： 亚洲。

食药用价值： 尚不明确。

银耳目 Tremellales　银耳科 Tremellaceae

痢疾银耳
Tremella dysenterica Möller

宏观特征：子实体宽 2 ～ 5 cm，高 1 ～ 3 cm，叶状，薄膜状，光滑，胶质，明亮的水黄色至暗黄色。在潮湿条件下或老后易褪色，干燥时为橙黄色。无柄。

微观特征：孢子（14.5 ～ 18）μm×（11 ～ 14）μm，倒卵球形或近球形，光滑，无色。

生境：夏、秋季单生或群生于桦树等阔叶树腐木上。

分布：亚洲和南美洲。

食药用价值：尚不明确。

参考文献

戴玉成，杨祝良，2008.中国药用真菌名录及部分名称的修订［J］.菌物学报，12（6）：801-824.

戴玉成，图力古尔，崔宝凯，等，2013.中国药用真菌图志［M］.哈尔滨：东北林业大学出版社.

邓春英，2012.中国小皮伞属广义球盖组分类学研究［D］.广州：华南理工大学.

韩冰雪，2016.吉林省腹菌类物种多样性编目［D］.长春：吉林农业大学.

黄梅，2019.东北地区鬼伞类真菌分类与分子系统学研究［D］.长春：吉林农业大学.

黄年来，1998.中国大型真菌原色图鉴［M］.北京：中国农业出版社.

李玉，李泰辉，杨祝良，等，2015.中国大型菌物资源图鉴［D］.北京：中国农业出版社.

李玉婷，2017.中国盔孢伞属及绒盖伞属的分类与分子系统学研究［D］.长春：吉林农业大学.

刘浩宇，2019.泰山红菇属（*Russula*）种类研究［D］.泰安：山东农业大学.

刘淑琴，王浩豪，武艳群，等，2022.下迪铦囊蘑（*Melanoleuca dirensis*）——铦囊蘑属中国新记录种［J］.东北林业大学学报，50（7）：77-80.

刘铁志，李桂林，2019.内蒙古赛罕乌拉大型菌物图鉴［M］.赤峰：内蒙古科学技术出版社.

刘洋，原渊，常明昌，等，2020.山西省新记录物种碱紫漏斗杯伞 *Infundibulicybe alkaliviolascens*［J］.北方园艺，2（22）：122-126.

卯晓岚，1998.中国经济真菌［M］.北京：科学出版社.

卯晓岚，2000.中国大型真菌［M］.郑州：河南科学技术出版社.

石书锋，2018.东北地区乳菇属（广义）的分类与资源评价［D］.长春：吉林农业大学.

田恩静，图力古尔，2013.中国鳞伞属鳞伞亚属新记录种［J］.菌物学报，32（5）：907-912.

图力古尔，包海鹰，李玉，2014.中国毒蘑菇名录［J］.菌物学报，33（3）：517-548.

图力古尔，王建瑞，崔宝凯，等，2013.山东省大型真菌物种多样性［J］.菌物学报，32（4）：643-670.

王锋尖，2019. 鄂西地区大型真菌多样性研究［D］. 长春：吉林农业大学．

王术荣，2014. 西藏高寒森林地区大型真菌多样性研究［D］. 长春：东北师范大学．

王术荣，刘淑琴，孟俊龙，等，2022. 山西太行山地区铦囊蘑属两新种（英文）［J］. 菌物学报，41（12）：1921-1931.

王雪珊，2020. 内蒙古罕山国家级自然保护区大型真菌多样性研究［D］. 长春：吉林农业大学．

吴承龙，2020. 中国锁瑚菌属的分类及分子系统学研究［D］. 长沙：湖南师范大学．

武艳群，刘淑琴，孟俊龙，等，2023. 山西省担子菌补记Ⅰ:2个华北地区新记录种［J］. 山西农业科学，51（2）：192-197.

谢孟乐，2018. 东北地区丝膜菌属资源及分类学研究［D］. 长春：吉林农业大学．

徐江，2016. 中国光柄菇属和小包脚菇属分类学研究［D］. 广州：华南理工大学．

张俊波，2018. 江西部分地区大型真菌资源调查与系统学研究［D］. 南昌：江西农业大学．

张树庭，卯晓岚，1995. 香港蕈菌［M］. 香港：香港中文大学出版社．

周昊，李骥琪，侯成林，2022. 中国燕山地区地星属2个新种［J］. 菌物学报，41（1）：1-16.

BANDONI R J, OBERWINKLER F, 1983. On Some species of *Tremella* described by Alfred Moller. Mycologia, 75(5)：854.

BREITENBACH J, KRANZLIN F, 1991. Fungi of Switzerland. Volume 3: Boletes and Agarics 1st[M]. Mad River Press.

HE M, ZHAO R, HYDE K, et al. , 2019. Notes, outline and divergence times of Basidiomycota[J]. Fungal diversity, 99(1): 105-367.

KAYGUSUZ O, KNUDSEN H, MENOLLI N, et al. , 2021.Pluteus anatolicus (Pluteaceae, Agaricales): a new species of *Pluteus* sect. Celluloderma from Turkey based on both morphological and molecular evidence[J]. Phytotaxa, 482(3): 240-250.

LIU H, MAO N, FAN L, et al., 2021. *Stropharia populicola* (Strophariaceae, Agaricales), a new species from China[J]. Phytotaxa, 518(4): 251-260.

MALYSHEVA V, MALYSHEVA E, BULAKH E, 2015. The genus *Tremella* (Tremellales, Basidiomycota) in Russia with description of two new species and proposal of one nomenclatural combination[J]. Phytotaxa, 238(1): 40.

PEI Y, GUO H, LIU T, et al. , 2021. Three new *Melanoleuca* species (Agaricales, Basidiomycota) from north-eastern China, supported by morphological and molecular data[J]. Mycokeys, 80: 133-148.

QI Z, QIAN K, HU J, et al. , 2022. A new species and new records species of *Pluteus* from

Xinjiang Uygur Autonomous Region, China[J]. PeerJ, 10: e14298.

SESLI E, 2005. *Cystoderma cinnabarinum* (Alb. & Schwein.) Fayod, a new Turkish mycota record[J]. Turkish Journal of Botany, 29(6): 463−466.

SUNHEDE S, 1989. Geastraceae (Basidiomycotina): morphology, ecology, and systematics with special emphasis on the North European species[J]. Synopsis Fungorum, 1: 1−534.

TIAN E J, GAO C H, XIE X M, et al. , 2021. *Stropharia lignicola* (Strophariaceae, Agaricales), a new species with acanthocytes in the hymenium from China[J]. Phytotaxa, 505(3): 286−296.

WANNATHES N, SUWANNARACH N, KHUNA S, et al. , 2022. Two novel species and two new records within the genus *Pluteus* (Agaricomycetes, Agaricales) from Thailand[J]. Diversity, 14(3): 156.

WUu F, ZhOU LW, YANG ZL, et al. , 2019. Resource diversity of Chinese macrofungi: edible, medicinal and poisonous species[J]. Fungal diversity, 98: 1−76.

中文名称索引

Y

Z

拉丁学名索引

A

B

C

G

H

I

K

L